Qinshou gei Baobao
Zhimaoyi

亲手给宝宝

织毛衣

谭阳春　主编

辽宁科学技术出版社

·沈阳·

本书编委会

主　编　谭阳春

编　委　贺　丹　李玉栋　贺梦瑶

图书在版编目（CIP）数据

亲手给宝宝织毛衣 / 谭阳春主编. —沈阳：辽宁科学技术出版社，2012.8（2013.3 重印）

ISBN 978-7-5381-7554-7

Ⅰ. ①亲… Ⅱ. ①谭… Ⅲ. ①童服—毛衣—编织—图集　Ⅳ. ① TS941.763.1-64

中国版本图书馆 CIP 数据核字（2012）第 139445 号

如有图书质量问题，请电话联系
湖南攀辰图书发行有限公司
地　　址：长沙市车站北路 236 号芙蓉国土局 B
　　　　　栋 1401 室
邮　　编：410000
网　　址：www.penqen.cn
电　　话：0731-82276692　82276693

出版发行：辽宁科学技术出版社
　　　　　（地址：沈阳市和平区十一纬路 29 号　邮编：110003）
印 刷 者：湖南新华精品印务有限公司
经 销 者：各地新华书店
幅面尺寸：210mm × 285mm
印　　张：11.5
字　　数：40 千字
出版时间：2012 年 8 月第 1 版
印刷时间：2013 年 3 月第 3 次印刷
责任编辑：李春艳　攀　辰
摄　　影：方　为
封面设计：多米诺设计·咨询　吴颖辉　黄凯妮
版式设计：攀辰图书
责任校对：王玉宝

书　　号：ISBN 978-7-5381-7554-7
定　　价：29.80 元
联系电话：024-23284376
邮购热线：024-23284502
淘宝商城：http://lkjcbs.tmall.com
E-mail：lnkjc@126.com
http://www.lnkj.com.cn
本书网址：www.lnkj.cn/uri.sh/7554

CONTENTS 目 录

编织图解见第089～090页

韩式连帽外套

这件韩版小毛衣超赞的款式使人眼前一亮，很适合淑女型的小公主。

背面

正面

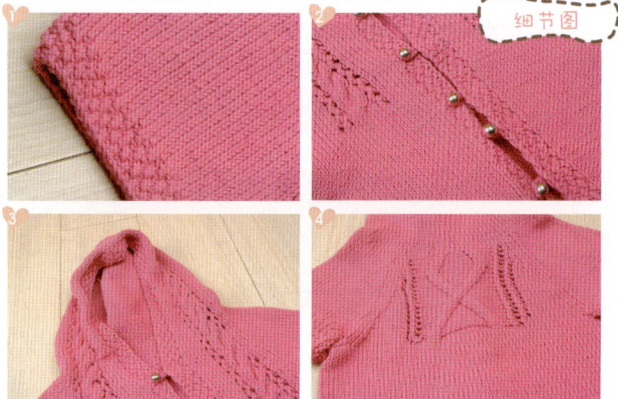

细节图

编织图解见第 090 ~ 091 页

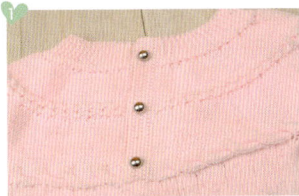

甜美粉色毛衣

独特的领口和袖口花纹设计,
宝宝穿上之后尽显甜美气质。

细节图

侧面

编织图解见第 092 页

个性连帽外套

此款毛衣的颜色和款式给人时尚的感觉。宝宝穿上它能很好地展现自信的气质。

细节图

正面

编织图解见第093页

甜美背心裙

上半身麻花纹的设计和下摆镂空花纹的设计让毛衣透出淡淡的小公主味道，腰带毛茸茸的小球给毛衣平添了许多可爱的味道。

正面

编织图解见第 094 ~ 095 页

可爱条纹套装

粉白相间的条纹让毛衣显得甜
美可爱，宝宝穿上它，大方又可爱。

编织图解见第 096 页

活泼系带背心裙

系带的加入增加了几分时尚元素，粉粉的颜色非常清新活泼，孩子穿上它会显得特别可爱。

细节图

编织图解见第 097 页

白色中袖开衫

白净的色彩，中袖的设计，让毛衣时尚感超强，领口花朵的设计是整件衣服的亮点。

背面

细节图

侧面

编织图解见第 098 页

甜美娃娃衣

毛衣款式独特，设计精湛，颜色亮丽，足够吸引宝宝的注意，是妈妈们给孩子的首选。

正面

细节图

背面

编织图解见第 099 页

宽松大翻领毛衣

沉静的色调，翻领的款式，凸显出孩子文静大方的气质。

编织图解见第 099 页

细节图

编织图解见第 100 ~ 101 页

优雅个性外套

菠萝花纹让毛衣很有质感，简单大方的款式让宝宝穿出优雅的味道。

细节图

平铺

编织图解见第 100 ~ 101 页

编织图解见第107页

甜美黄色开衫

简约的黄色小开衫会使宝宝看起来非常有活力，彰显俏皮美。

背面

细节图

编织图解见第108页

组节图

背面

清新长袖外套

精致的花纹，清新的色彩，小小外套也能穿出
时尚甜美的感觉哦！

编织图解见第109～110页

典雅麻花纹外套

麻花纹的点缀打破了灰色的单调感，领子的设计简单但不乏别致。

细节图

背面

编织图解见第110～111页

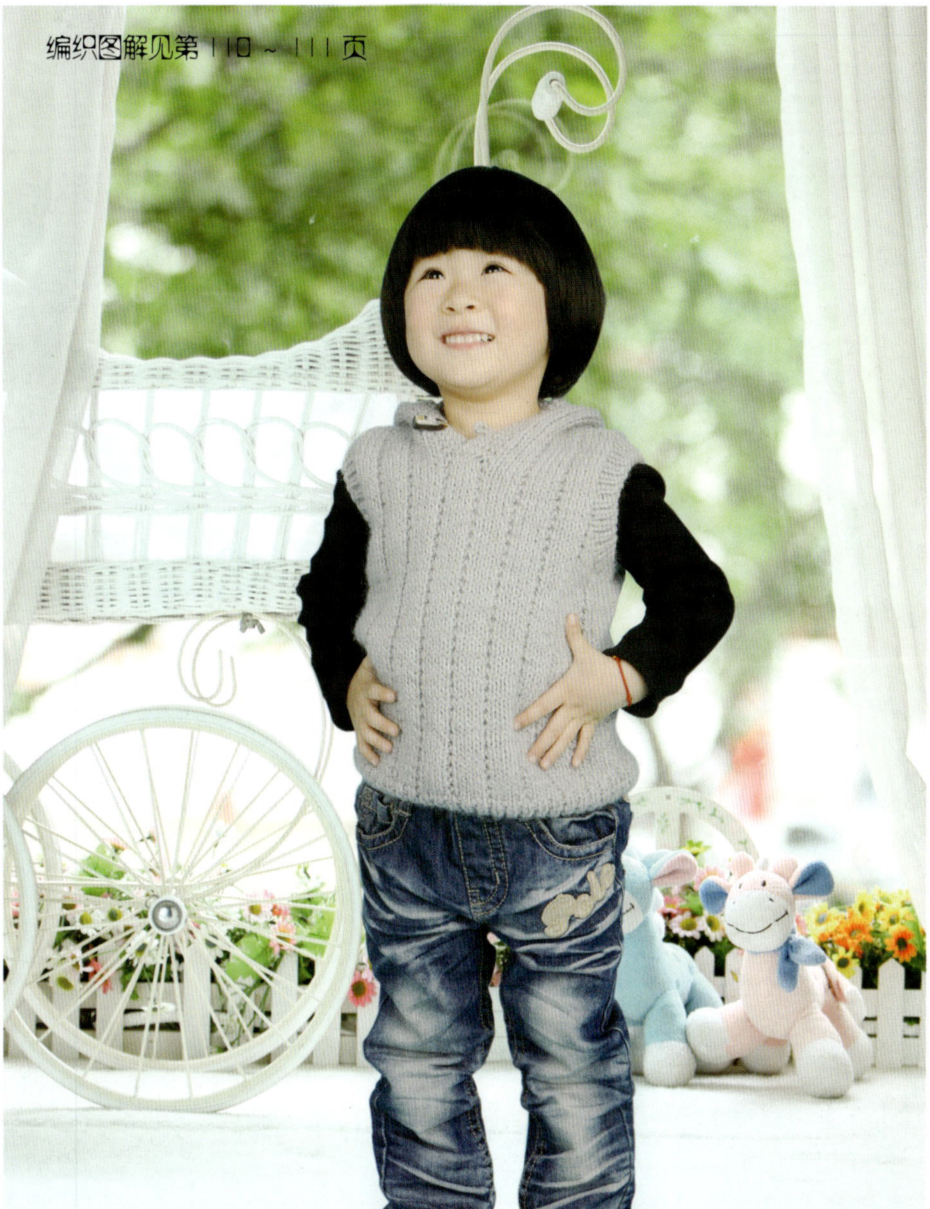

休闲连帽小衣

毛衣款式简单，搭配性很强，值得每个宝宝拥有。

细节图

1

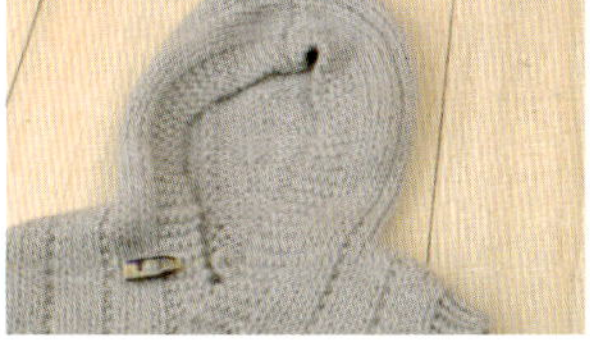

2

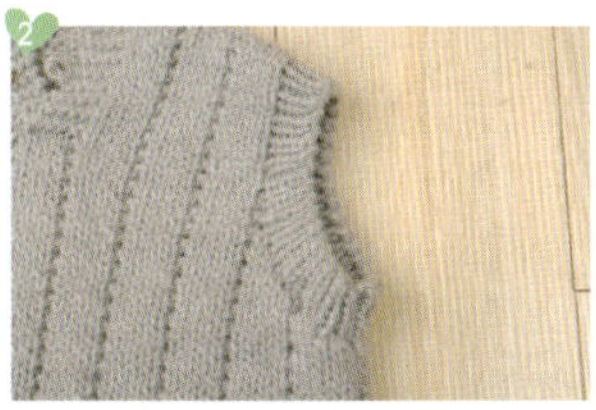

3

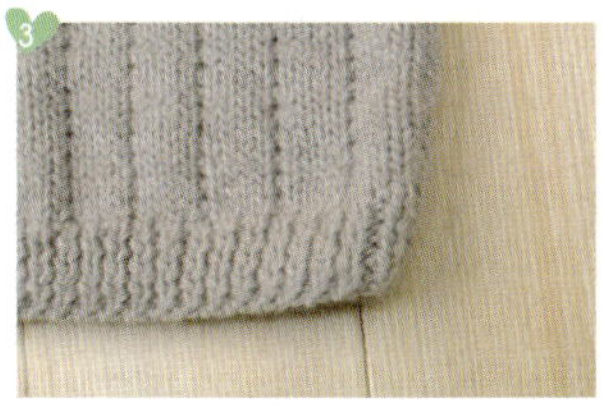

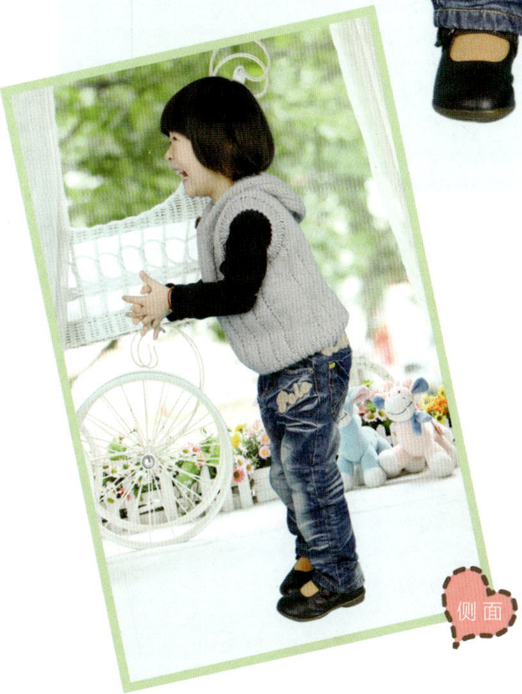

侧面

编织图解见第112页

亮丽花朵套头装

亮丽的颜色与美丽花朵图案的和谐搭配，给人清新活泼的感觉。

背面

编织图解见第113~114页

可爱圆领毛衣

条纹的动感加上胸前俏皮的卡通图案，令宝宝立刻成为焦点。

背面

细节图

侧面

编织图解见第 115~116 页

可爱桃心口袋开衫

可爱的桃心口袋和后背大大的兔子图案，富有童趣，深得孩子喜欢。

细节图

背面

编织图解见第117页

简约舒适开裆裤

独特的裤脚和裤身的花纹，很有个性哦！

细节图

编织图解见第118页

休闲圆领毛衣

下摆和袖口的花纹简单而别致。
素雅的颜色和简单的款式休闲感
十足。

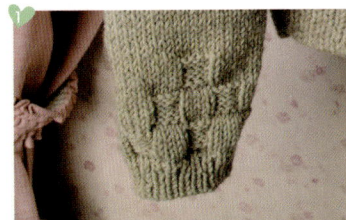

细节图

编织图解见第 124 页

甜美卡通图案毛衣

毛衣明快的色彩、可爱的卡通
图案会让宝宝充满可爱和甜美感。

细节图

背面

编织图解见第125页

文雅套头毛衣

编织的卡通图案和缝上的娃娃装饰给毛衣带来了可爱感。

编织图解见第126页

可爱 HELLO KITTY 开衫

红艳的颜色很吸引人，领口的毛毛球和后背的 HELLO KITTY 图案给毛衣增添了可爱感。

细节图

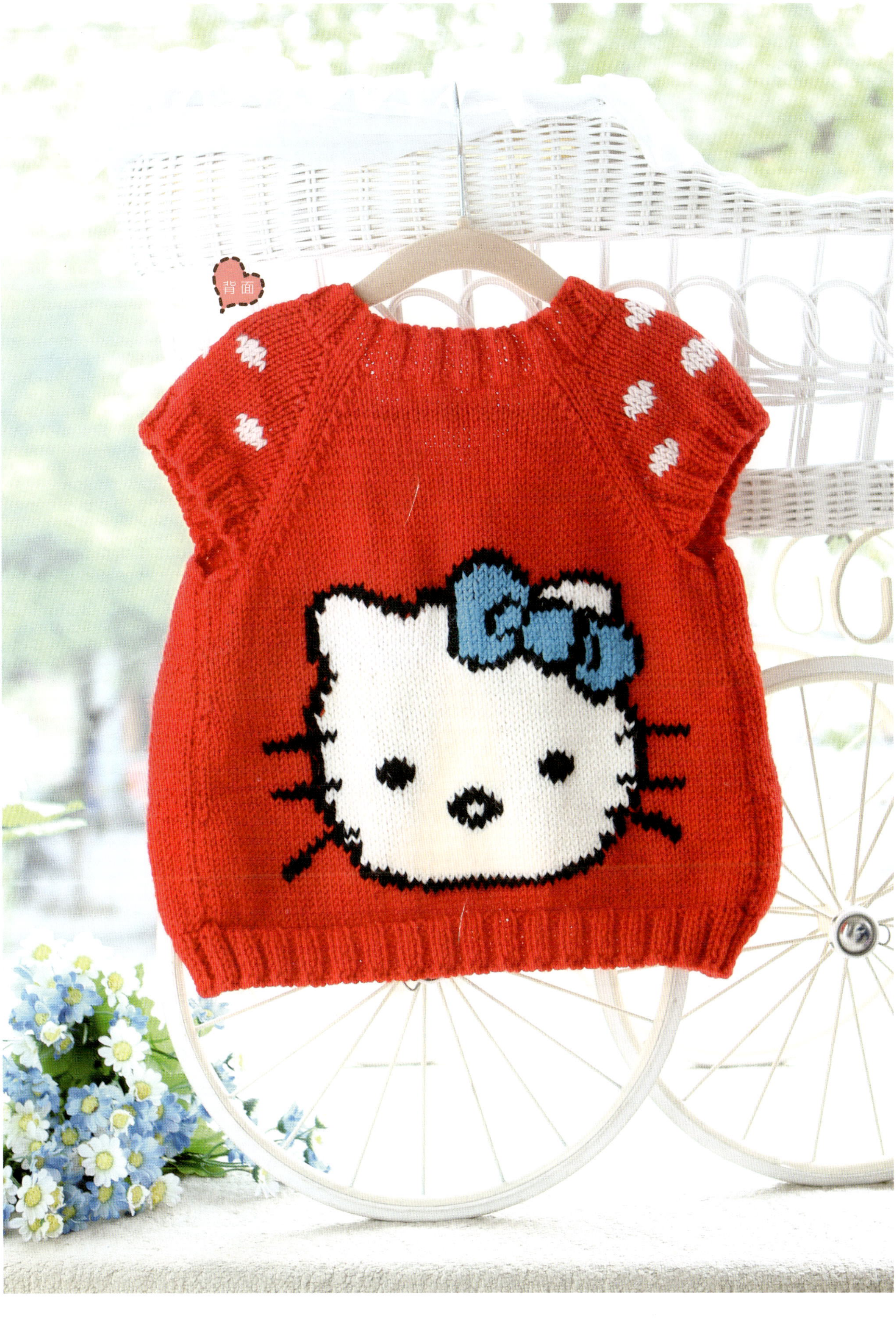
背面

编织图解见第 127 页

温馨舒适套头毛衣

简约的长袖毛衣，低调而朴实的颜色，体现出宝宝的文静气质！

细节图

背面

宽松褶摆毛衣

褶皱的下摆让公主们穿上之后尽显甜美可爱。
胸前的娃娃给毛衣增添了可爱之意。

细节图

背面

编织图解见第129页

简约白色套头毛衣

纯洁的白色，简约的条纹，让孩子穿上
去显得白净，可爱。

细节图

编织图解见第130页

V领菱形纹气质毛衣

菱形纹使毛衣富有动感，镂空的设计增加了毛衣的透气性。

细节图

编织图解见第 137 页

蓝色拉链连帽外套

无袖和连帽的设计时尚感超强，别致的花纹也让毛衣充满了
时尚的气息。

细节图

背面

编织图解见第 140 ~ 141 页

个性连帽外套

麻花纹与菱形纹的组合时尚感超强，木质纽扣个性十足！

细节图

背面

编织图解见第 142 页

简约个性毛衣

毛衣简约的款式，低调的色彩，给人温暖舒适的感觉。

细节图

背面

编织图解见第143页

背面

休闲运动小背心

橘色和灰色的组合加上人物图案的点缀让毛衣
十分休闲时尚。

细节图

帅气麻花纹马甲

V 领的灰色马甲，很阳光帅气！

细节图

背面

编织图解见第145页

优雅条纹毛衣

条纹使毛衣富有动感，花边的领口和口袋提升了宝宝的优雅气质。

背面

细节图

编织图解见第146页

时尚花边开衫

镂空花边设计是毛衣的亮点，领口的小花装饰提升了整体效果。

细节图

编织图解见第147～148页

玫红色套头毛衣

玫红色是妈妈们非常喜欢的颜色，在秋冬季节，套头毛衣能给宝宝带来温暖。

细节图

编织图解见第 148 ~ 149 页

活力嵌珠毛衣

嵌珠的设计是此款毛衣的特色，
让毛衣个性感十足。

细节图

背面

编织图解见第150页

背面

橘色系带连衣裙

橘色是妈妈和宝宝都喜欢的颜色，袖口的花边和腰带上的毛毛球给连衣裙增添了优雅和动感。

细节图

编织图解见第151页

纯白色中袖开衫

纯净的白色优雅大方，下摆球形花纹的点缀使毛衣富有厚重感。这件甜美的开衫凸显了宝宝的淑女气质。

背面

细节图

编织图解见第151页

编织图解见第 152 ~ 153 页

喜洋洋图案套装

可爱的喜洋洋图案一定会让宝宝满心欢喜。

细节图

正面

背面

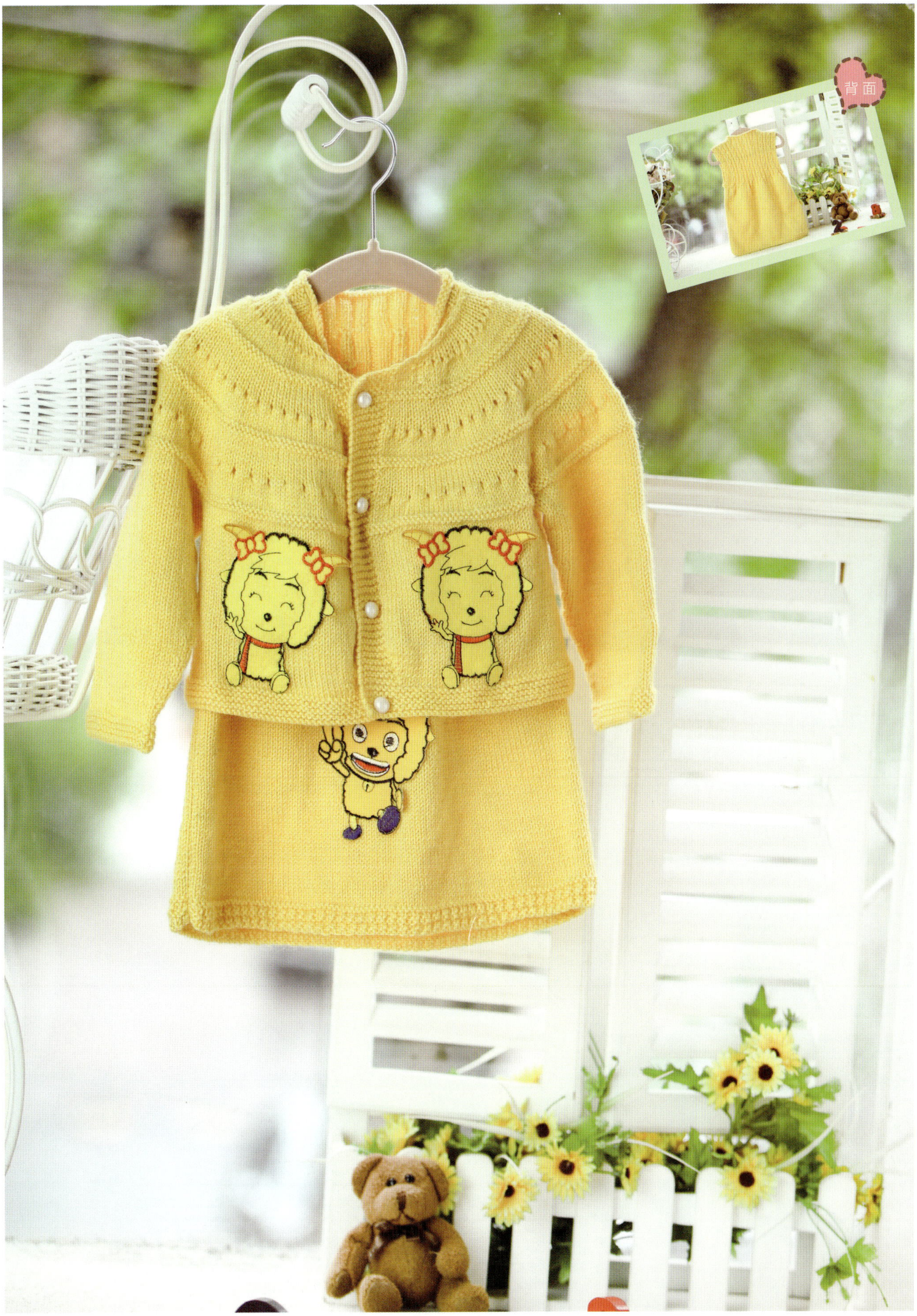
背面

编织图解见第154页

活泼带帽连衣裙

绿色给人活泼的感觉，帽顶的毛毛球又增添了一抹俏皮，腰间花纹非常可爱，宝宝穿上它定会非常出众。

细节图

背面

清新活泼背心裙

浅绿色和白色的协调搭配清新自然，休闲的款式适合每个公主。

细节图

背面

编织图解见第156页

可爱口袋无袖毛衣 🎀

罗纹收脚设计贴身保暖，半圆形的口袋设计营造出一种甜美的公主韵味。

背面

细节图

编织图解见第 157 ~ 158 页

五彩花朵外套

亮丽的黄色配上五彩缤纷的花朵，充满了无限的活力。

细节图

背面

编织图解见第159页

梦幻优雅公主裙

开口的下摆设计很新颖，营造出梦幻公主的优雅韵味。可爱的蝴蝶结和花朵给公主裙增添了甜美元素。

细节图

背面

编织图解见第 160 页

淑女花边连衣裙

亮丽的黄色和棕色花边的搭配
很有视觉冲击感。

细节图

背面

编织图解见第 161 ~ 162 页

波浪纹带扣毛衣

波浪纹的设计使毛衣十分富有动感，领口的扣子设计十分方便穿脱。

编织图解见第 163 页

麻花纹花边背心

领口和袖口的玫红色花边使背心顿时亮了起来，有着很强的视觉冲击力。

细节图

背面

编织图解见第 164 页

麻花纹连帽外套

麻花纹的组合让毛衣富有厚实的感觉，宝宝穿上它，非常温暖哦！

细节图

背面

编织图解见第165页

蓝色竖条纹翻领外套

百搭的蓝色竖条纹毛衣让宝宝时尚保暖两不误，卡通的纽扣增添了毛衣的俏皮之意。

细节图

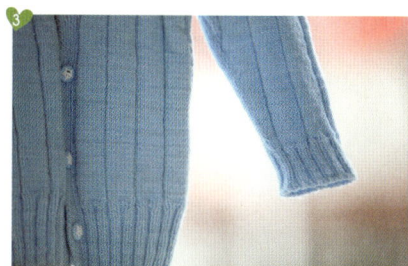

编织图解见第166页

红色套头毛衣

艳丽的红色和宝宝的热情天真相辉映，灰色的桃形图案俏皮可爱。

细节图

背面

编织图解见第 167 页

条纹圆领毛衣

条纹毛衣加上字母的点缀，显得阳光帅气。

连帽条纹外套

蓝白条纹的搭配十分协调，系带帽子富有休闲感，胸前的字母
更是充满了无限的活力。

细节图

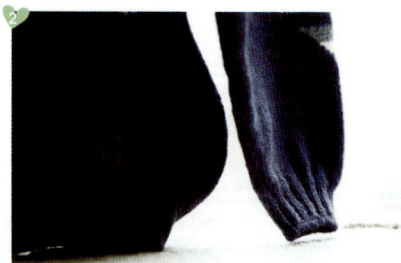

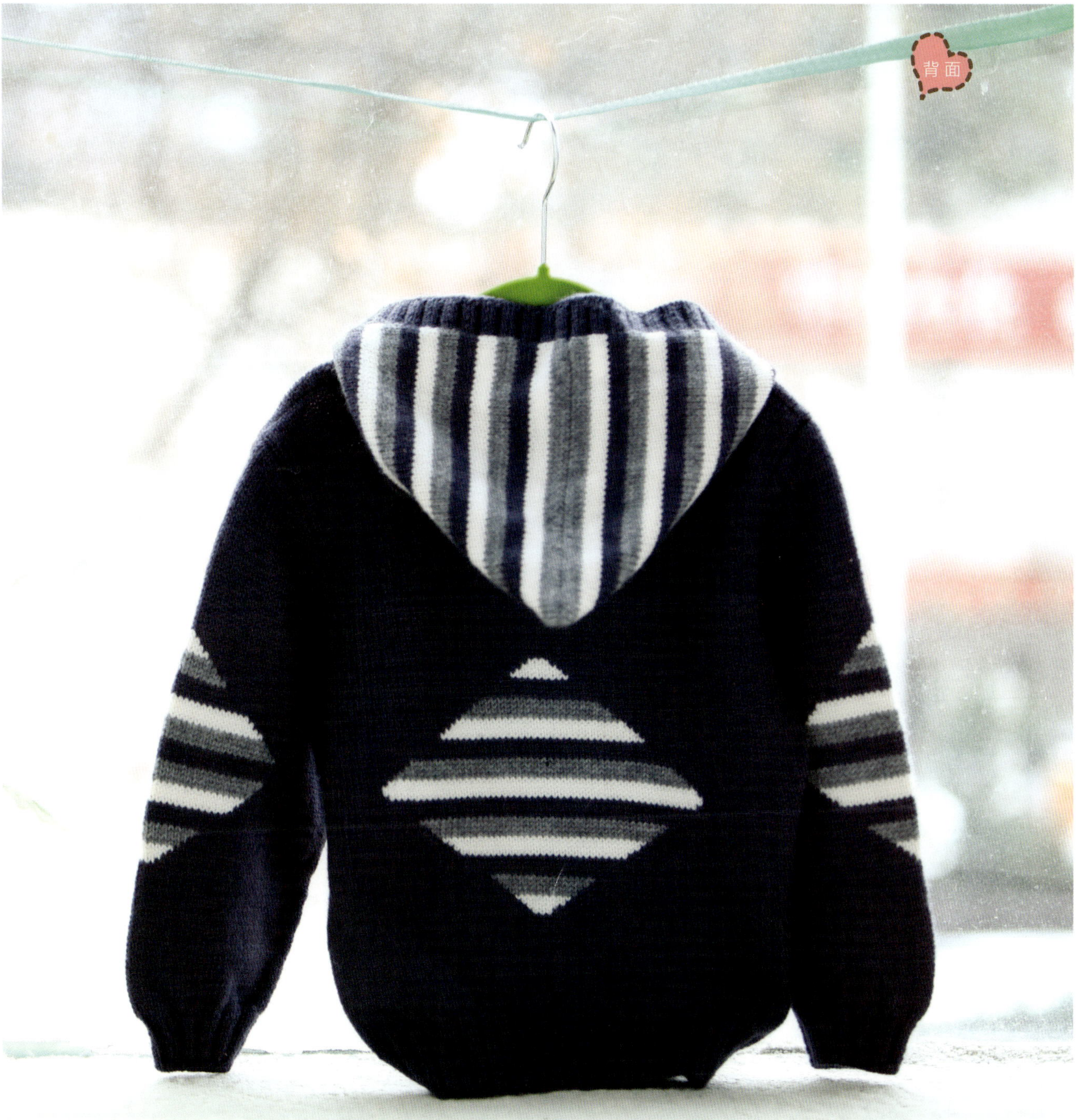
背面

编织图解见第169页

条纹层叠小裙

粗细不一的条纹样式，百搭的颜色，层叠的花边下摆，这样的小裙会让
宝宝更好地体现乖巧的性格。

背面

细节图

编织图解见第170页

立领半开襟毛衣

立领设计，作为内衫搭配或单穿都非常阳光帅气。

编织图解见第 175 页

小火车卡通背心

开动着的小火车十分生动，橘色和灰色的搭配也十分和谐。

细节图

背面

编织图解见第 176 ~ 177 页

条纹连帽外套

红色和白色组合的条纹动感十足，
连帽拉链的设计让毛衣富有活力感。

背面

细节图

编织图解见第178页

帅气口袋连体装

白色和灰色的协调搭配，大大的口袋是衣服的亮点，给衣服
增添了几分可爱。

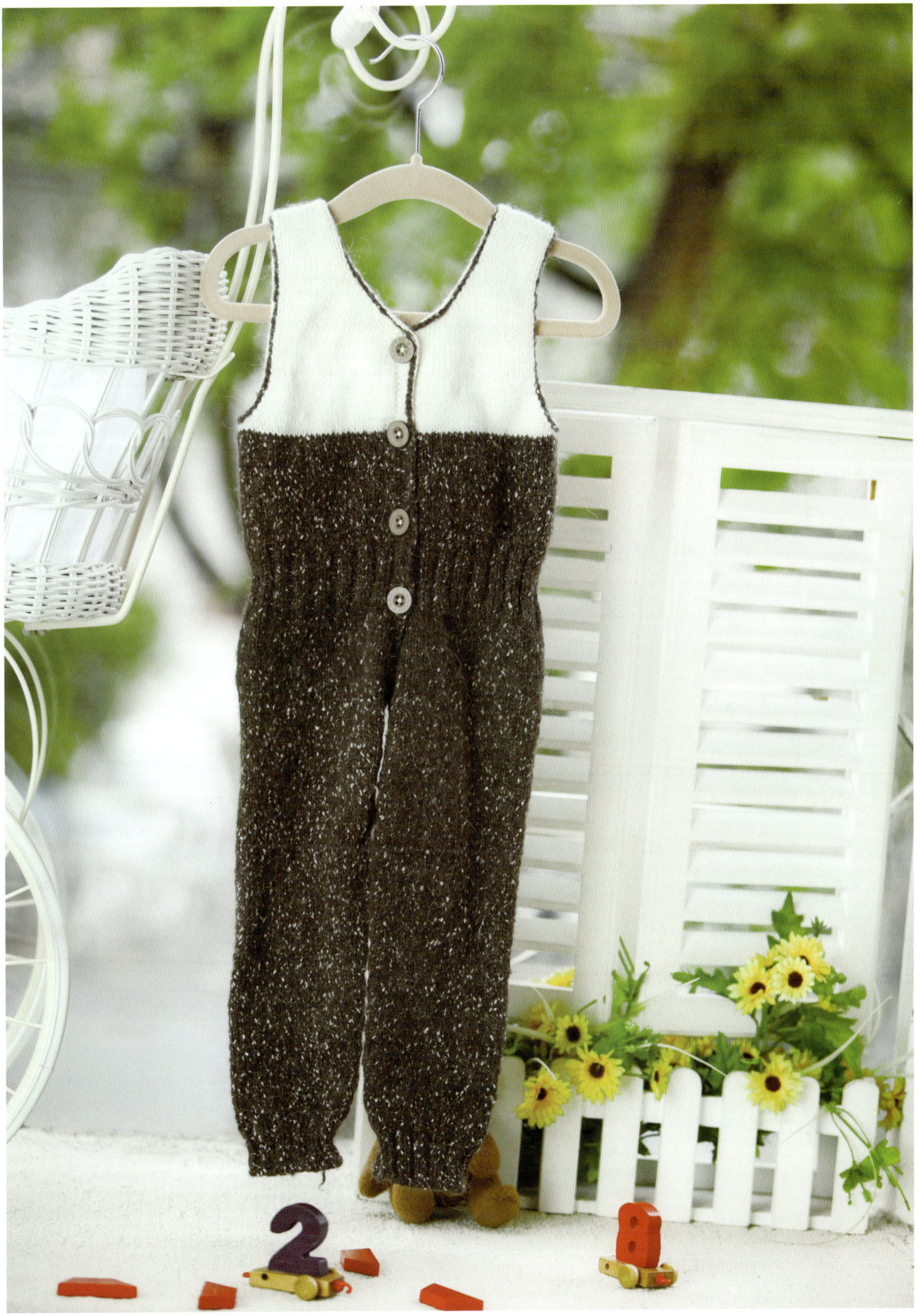

编织图解见第179～180页

细节图

休闲舒适套装

麻花纹的收脚设计很贴身保暖，镂空的花纹设计使毛衣更具透气性。

背面

裤子

上衣

编织图解见第 181 ~ 182 页

上衣

裤子

背面

清新花边套装

袖口和下摆花边的点缀使毛衣更具有
甜美感。

编织图解见第183～184页

清新亮丽套装

秋冬季节，一套清新亮丽的毛衣套装给宝宝既带来了温暖，又展现了宝宝小公主般的甜美气质。

细节图

背面

裤子

上衣

韩式连帽外套

【成品尺寸】衣长 28cm　胸围 58cm　袖长 12cm
【工具】12 号棒针　绣花针
【材料】玫红色棉线 300g
【密度】10cm² : 28 针 ×36 行
【附件】纽扣 5 枚

【制作过程】

1. 后片：用玫红色棉线起 74 针，织 2cm 花样 A 后改织下针，织至 16cm，中间 30 针改织花样 B，两侧余下针数继续织下针，两侧各平收 4 针，然后按 2-1-18 的方法插肩减针，后片共织 28cm，领部余下 30 针。

2. 左前片：起 44 针，织 2cm 花样 A 后，右侧继续织 6 针花样 A 作为衣襟，其余针数改织下针，织至 18cm，右起第 7 针至第 16 针改织花样 C，其余针数继续编织下针，左侧平收 4 针，然后按 2-1-18 的方法插肩减针，左前片共织 28cm，领部余下 22 针。

3. 右前片：与左前片编织方法一样，方向相反。

4. 袖片：起 64 针，织 2cm 花样 A 后改织下针，两侧各平收 4 针，然后按 2-1-18 的方法插肩减针，袖片共织 12cm，领部余下 20 针。

5. 帽片：将领口针数分散减针，减针后挑起 100 针，织下针，织 46 行后，将织片中间 2 针作为中轴，两侧减针，方法为 4-1-3，帽片共织 16cm。余下 94 针，对称缝合。

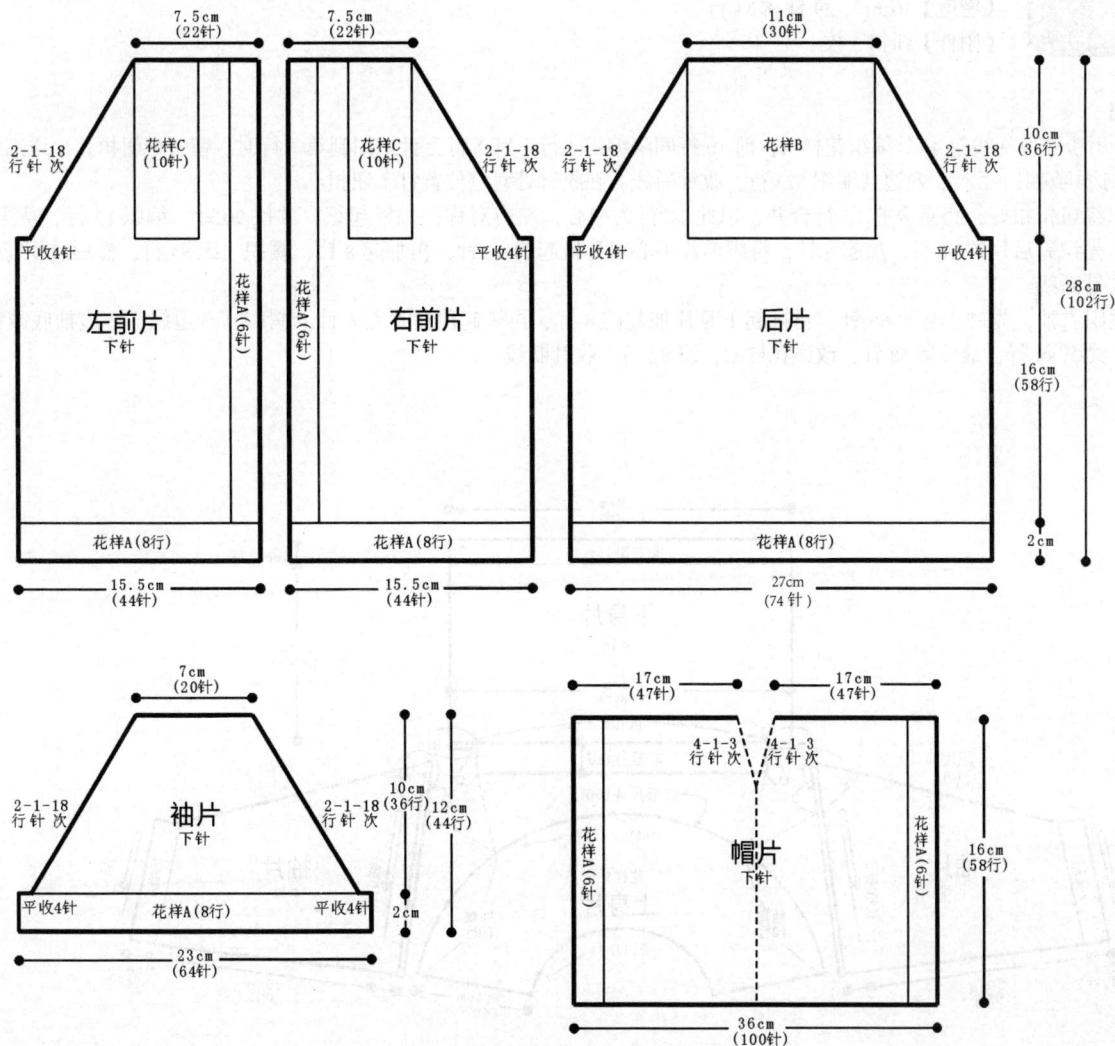

6. 缝上纽扣。

左前片

- 7.5cm（22针）
- 花样C（10针）
- 2-1-18 行针次
- 平收4针
- 花样A（6针）
- 左前片 下针
- 花样A（8行）
- 15.5cm（44针）

右前片

- 7.5cm（22针）
- 花样C（10针）
- 2-1-18 行针次
- 平收4针
- 花样A（6针）
- 右前片 下针
- 花样A（8行）
- 15.5cm（44针）

后片

- 11cm（30针）
- 2-1-18 行针次
- 花样B
- 平收4针
- 平收4针
- 后片 下针
- 花样A（8行）
- 27cm（74针）
- 10cm（36行）
- 28cm（102行）
- 16cm（58行）
- 2cm

袖片

- 7cm（20针）
- 2-1-18 行针次
- 2-1-18 行针次
- 袖片 下针
- 平收4针
- 花样A（8行）
- 平收4针
- 23cm（64针）
- 10cm（36行）
- 12cm（44行）
- 2cm

帽片

- 17cm（47针）
- 17cm（47针）
- 4-1-3 行针次
- 4-1-3 行针次
- 花样A（6针）
- 帽片 下针
- 花样A（6针）
- 16cm（58行）
- 36cm（100针）

针12　花样 A

针12　下针　1

针30　花样 B　15　1

针10　花样 C

行　1

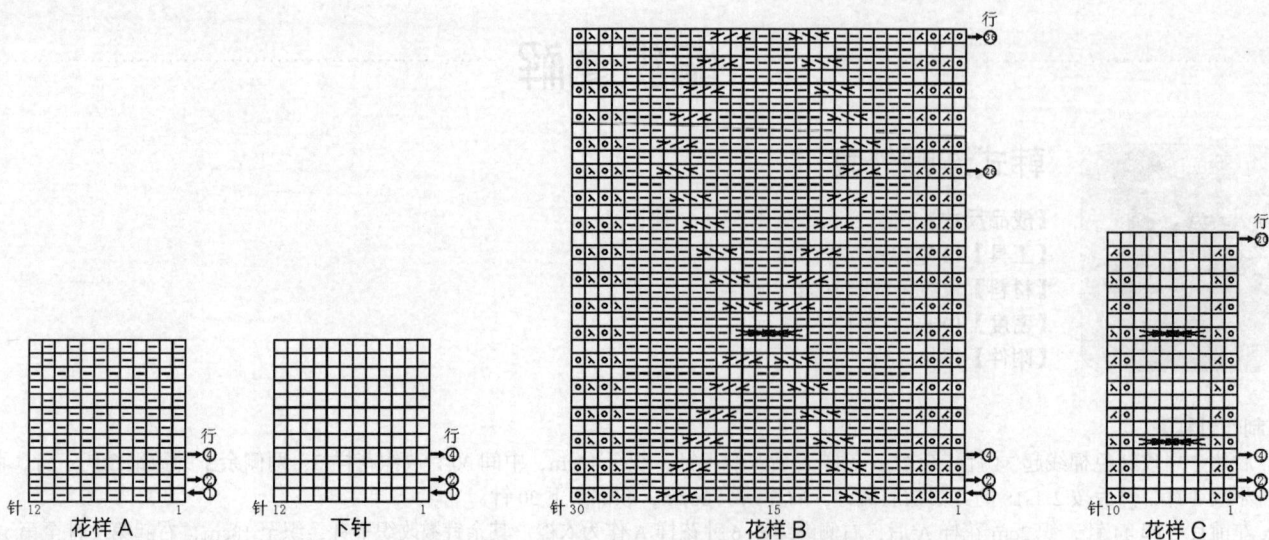

甜美粉色毛衣

【成品尺寸】衣长 43cm　胸围 68cm　袖长 38cm
【工具】12 号棒针　绣花针
【材料】粉红色棉线 250g
【密度】10cm² : 29 针 × 34 行
【附件】纽扣 3 枚

【制作过程】

1. 上身片：用粉红色棉线起 40 针编织花样 A，前 10 行间隔编织 1 行下针 1 行上针，织到第 7 行时，留 3 个纽扣孔，详细编织方法见图解。右边共编织 132 行，左边共编织 372 行，收针断线。在收针处对应位置钉上纽扣。

2. 下身片：将纽扣扣好，将重叠的 12 行合并，以此 12 行为中心，左右对称，挑针起织，共挑 90 针，编织 12 行，从第 13 行起开始圈织，先织完后片的 90 针，加起 8 针，再织前片中心对称挑起的 90 针，再加起 8 针，圈织，织 84 行，然后改织花样 B，织 16 行后，收针断线。

3. 袖片：挑织衣袖，先挑上身片 66 针，再挑起下身片加起的 8 针，再挑起前后片差 6 针，圈织，一边织，一边袖底减针，方法为 4-1-22，共织 98 行，最后留 58 针，改织花样 C，织 32 行，收针断线。

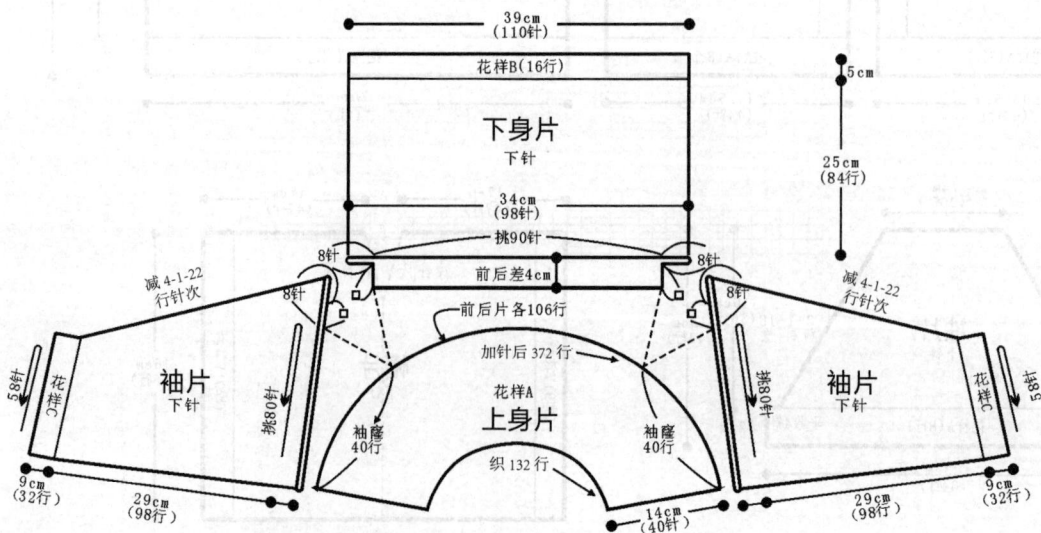

39cm（110针）

花样B（16行）

下身片
下针

34cm（98针）

挑90针

前后差4cm

5cm

25cm（84行）

减4-1-22
行针次

8针

8针

8针

8针

前后片各106行

加针后372行

减4-1-22
行针次

袖片
下针

袖片
下针

花样A
上身片

花样C

花样C

挑80针

挑80针

袖窿
40行

袖窿
40行

58针

58针

织132行

9cm（32行）

29cm（98行）

14cm（40针）

29cm（98行）

9cm（32行）

花样 B　　　　下针

行　　　　　　　　　　　　行
④　　　　　　　　　　④
②　　　　　　　　　　②
①　　　　　　　　　　①
针12　　　　1　　针12　　　1

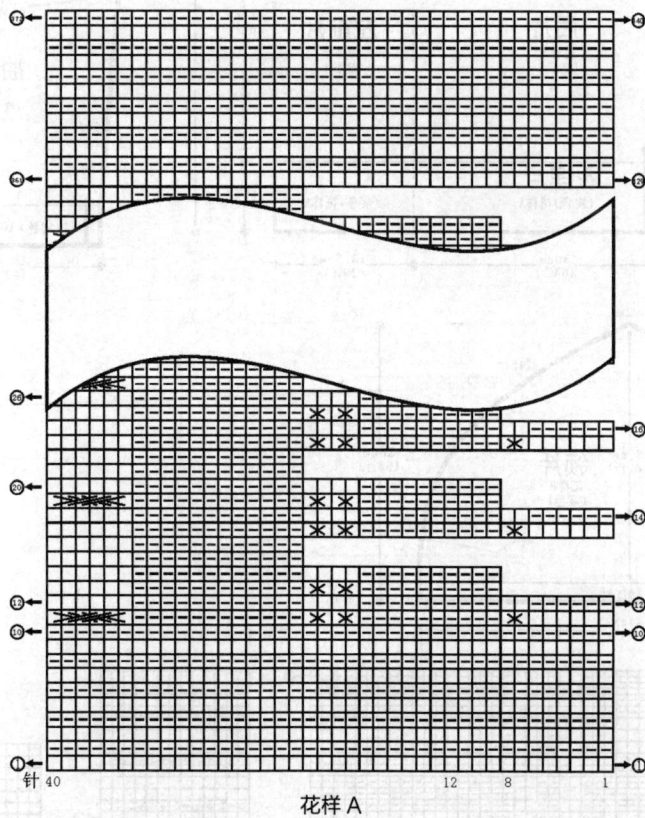

行⑤

④
②
①
针58　　　　　　24　　　　12　　　1
花样 C

⑰　　　　　　　　　　　　　⑯
⑮　　　　　　　　　　　　　⑥
㉙　　　　　　　　　　　　⑯
㉒　　　　　　　　　　　⑭
⑱　　　　　　　　　　⑬
㉚　　　　　　　　　⑩
①针40　　　　　12　8　1　　①
花样 A

个性连帽外套

【成品尺寸】 衣长 49cm　胸围 60cm　袖长 42cm
【工具】 10 号棒针　绣花针
【材料】 紫色棉线 150g　红色夹花棉线 300g
【密度】 10cm^2：21 针 ×23 行
【附件】 纽扣 4 枚

【制作过程】

1. 衣摆片：用紫色线起织，起 122 针织花样 A，织 16 行，改为红色夹花线织下针，织至 78 行，将织片分成左前片、后片和右前片，左右前片各取 29 针，后片取 64 针，先织后片。

2. 后片：起织时两侧各平收 3 针，然后减针织成插肩袖窿，方法为 2-1-18，织至 114 行，余下 22 针，收针断线。

3. 左前片：起织时左侧平收 3 针，然后减针织成插肩袖窿，方法为 2-1-18，织至 106 行，右侧减针织成前领，方法为 1-3-1，2-1-4，织至 114 行，余下 1 针，收针断线。右前片的编织方法与左前片一样，方向相反。

4. 袖片：用紫色线起 40 针织双罗纹，织 10 行后，改为红色夹花线织下针，两侧一边织一边加针，方法为 10-1-5，织至 62 行，留针暂时不织。另用紫色线起 50 针，织双罗纹，织 8 行后，将之前织好的红色织片放置于里层，对应合并编织，改为红色夹花线织下针，两侧减针编织插肩袖山，方法为 1-3-1，2-1-18，织至 44 行，织片余下 8 针，袖片共织 42cm。

5. 领片：用紫色线沿领口挑起 94 针，织下针，织 4 行后，织 1 行上针，再织 4 行下针，第 10 行与起针合并成双层。沿双层边挑起 94 针织花样 B，不加减针织 16 行，两侧对称减针，方法为 2-2-23，织至 62 行，织片余下 2 针，领片共织 28cm。

6. 沿左右衣襟侧及领片侧分别挑起 176 针织双罗纹，织 3cm 的宽度。

7. 用紫色棉线制作绒球绑于领子顶部，缝上纽扣。

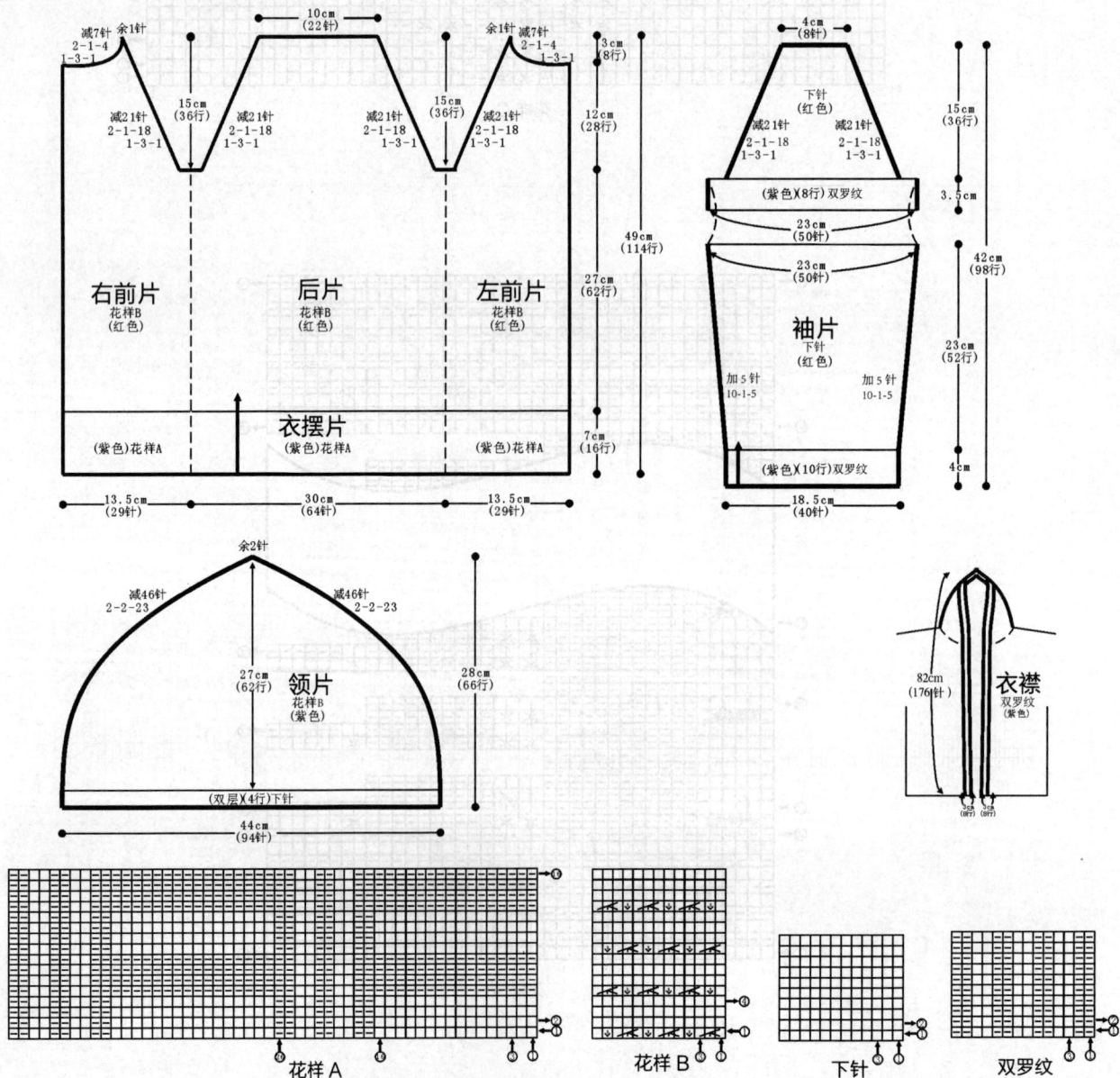

右前片 花样B (红色)
后片 花样B (红色)
左前片 花样B (红色)

减7针 余1针 2-1-4 1-3-1
减21针 2-1-18 1-3-1
15cm (36行)
减21针 2-1-18 1-3-1
减21针 2-1-18 1-3-1
余1针 减7针 2-1-4 1-3-1

10cm (22针)
3cm (8行)
12cm (28行)
49cm (114行)
27cm (62行)
7cm (16行)

衣摆片
(紫色)花样A　(紫色)花样A　(紫色)花样A

13.5cm (29针)　30cm (64针)　13.5cm (29针)

袖片 下针 (红色)

4cm (8针)
下针 (红色)
减21针 2-1-18
减21针 2-1-18
(紫色)(X8行)双罗纹
23cm (50针)
23cm (50针)
加5针 10-1-5　加5针 10-1-5
(紫色)(X10行)双罗纹
18.5cm (40针)

15cm (36行)
3.5cm
42cm (98行)
23cm (52行)
4cm

领片 花样B (紫色)

余2针
减46针 2-2-23　减46针 2-2-23
27cm (62行)
28cm (66行)
(双层)(X4行)下针
44cm (94针)

衣襟 双罗纹 (紫色)
82cm (176针)
3cm 3cm (8针) (8针)

花样 A　　花样 B　　下针　　双罗纹

甜美背心裙

【成品尺寸】衣长 42cm 胸围 74cm
【工具】10 号棒针 绣花针
【材料】玫红色羊毛绒线 300g
【密度】10cm² : 20 针 ×28 行
【附件】自编的装饰带子 1 根 毛毛球 1 个 纽扣 2 枚

【制作过程】
1. 前片：按图用一般起针法起 94 针，织 8cm 花样 B 后，改织全下针，侧缝按图减针，织至适合长度后改织花样 A，织至 19cm 时左右两边开始按图收成袖窿，再织 9cm 时开领窝至织完成。
2. 后片：织法与前片一样，只是须按图开领窝。
3. 领圈织 5cm 花样 C，形成圆领。
4. 编织结束后，将前后片侧缝、肩部缝合。
5. 装饰：穿好自编的带子和毛毛球，缝上纽扣。

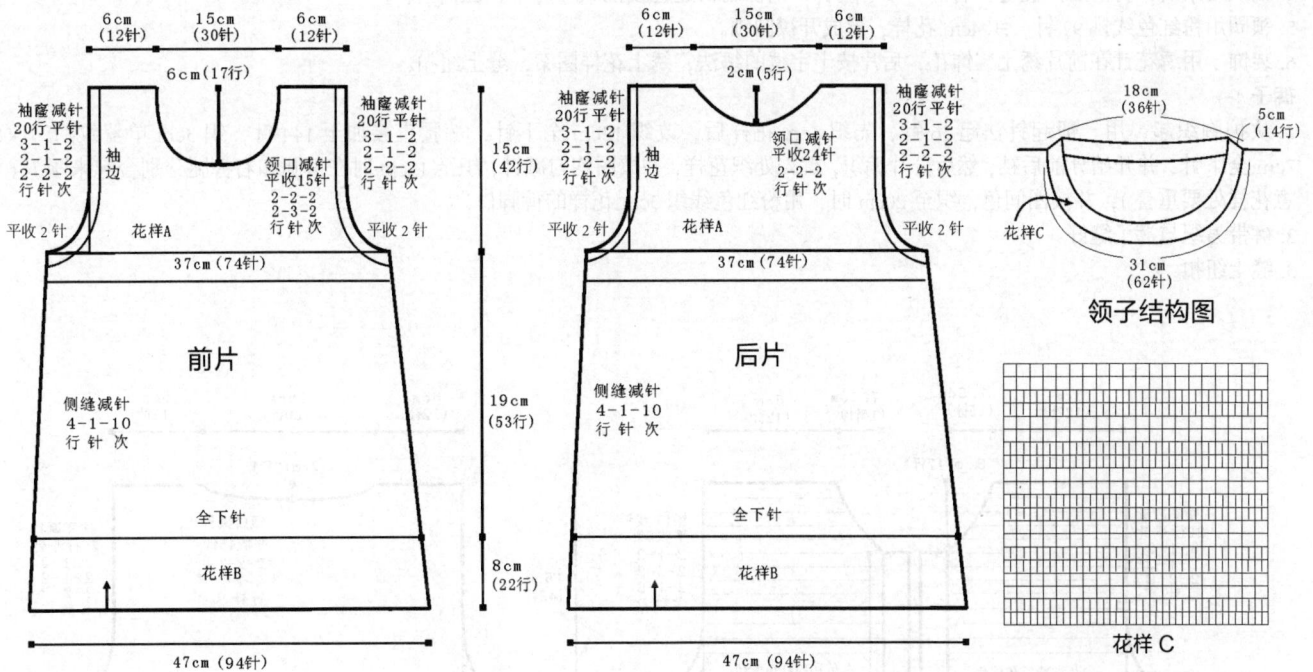

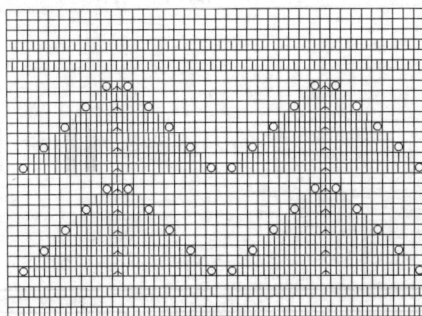

花样 B

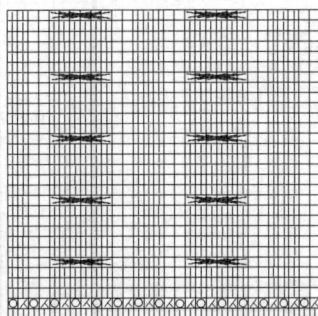

花样 A

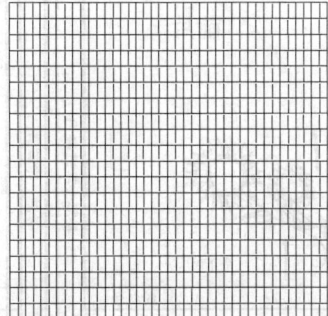

全下针

可爱条纹套装

【成品尺寸】衣长 42cm　胸围 80cm　袖长 36cm　连护胸裤长 60cm　腰围 72cm

【工具】10 号棒针　绣花针

【材料】粉红色、白色羊毛绒线各 300g

【密度】10cm² : 20 针 ×28 行

【附件】装饰花 1 朵　纽扣 8 枚

【制作过程】

衣服：

1. 前片：分左右两片，左片先用粉红色线按图起 40 针，织 4cm 花样后，改织全下针，织至适合长度后改用白色线继续织，织至 23cm 时左右两边开始按图收成袖隆，并用粉红色线均匀间色，再织 9cm 开领窝织至完成。用同样方法织右片。

2. 后片：先用粉红色线按图起 80 针，织 4cm 花样后，改织全下针，织至适合长度后改用白色线继续织，织至 19cm 时左右两边开始按图收成袖隆，再织 13cm 开领窝至完成。

3. 袖片：用粉红色线按图起 44 针，织 4cm 花样后，改织全下针，织至适合长度后按图示用白色线均匀间色，袖下按图加针，织至 23cm 时按图示均匀减针，收成袖山。

4. 编织结束后，将前后片侧缝、肩部、袖子缝合。门襟用粉红色线挑 60 针，织 4cm 花样。

5. 领圈用粉红色线挑 92 针，织 4cm 花样，形成开襟圆领。

6. 装饰：用绣花针在前片绣上装饰花，后片按十字绣的绣法，绣上花样图案，缝上纽扣。

裤子：

1. 从护胸织起，用一般起针法起 36 针，先织 3cm 花样后，改织 12cm 全下针，裤腰直接加至 144 针，织 3cm 单罗纹后，改织 7cm 全下针，并开始分前后裆，然后分片编织，裤裆处织花样，并按图均匀减针，织至 12cm 时左裤腿和右裤腿分别合起来圈织（注意花样处要重叠），并按图间色，织至 20cm 时，用粉红色线织 3cm 花样的裤脚口。

2. 裤带另织与裤子缝好。

3. 缝上纽扣。

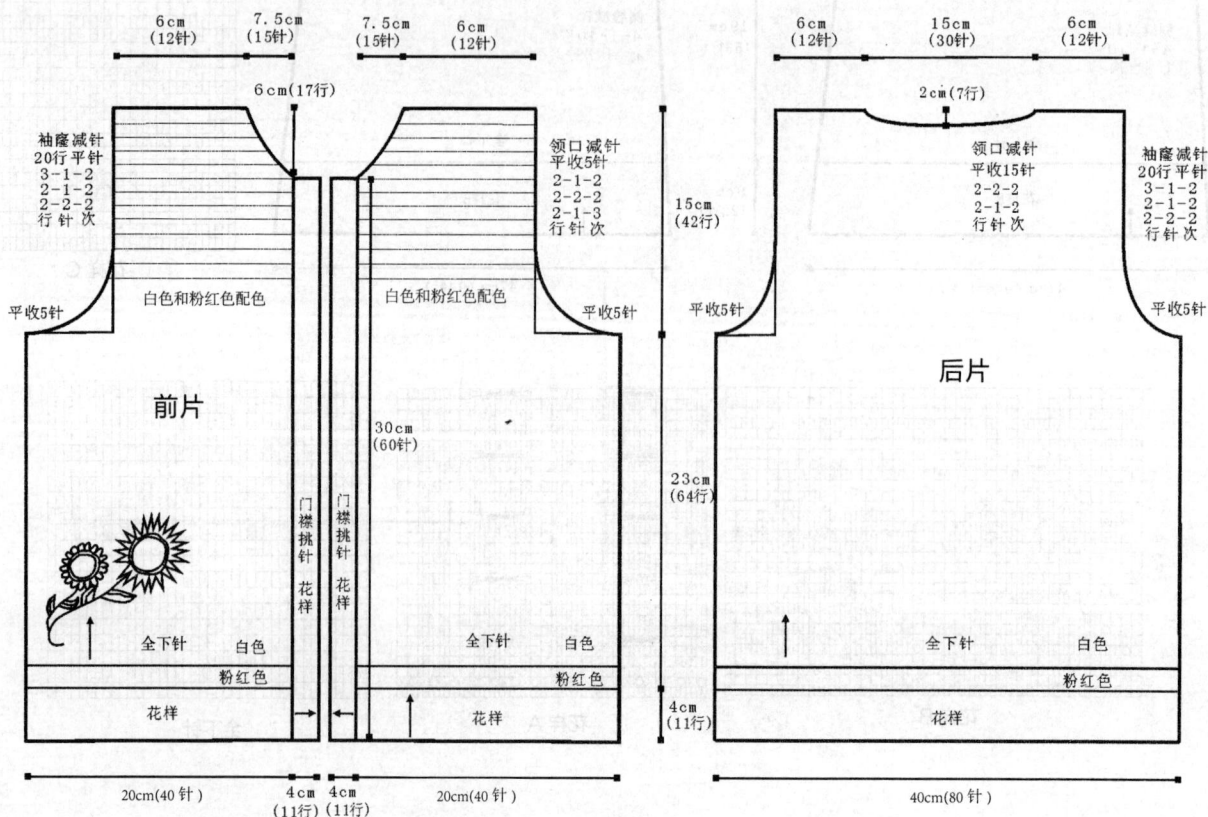

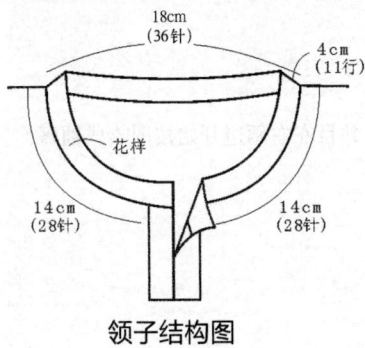

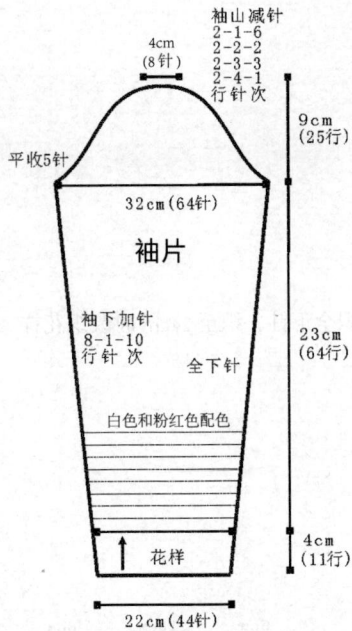

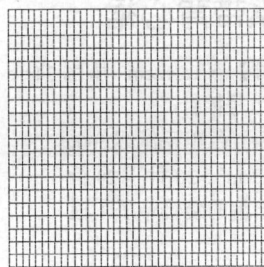

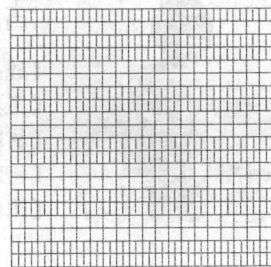

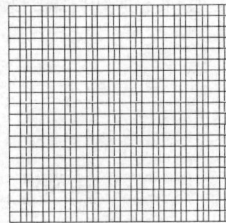

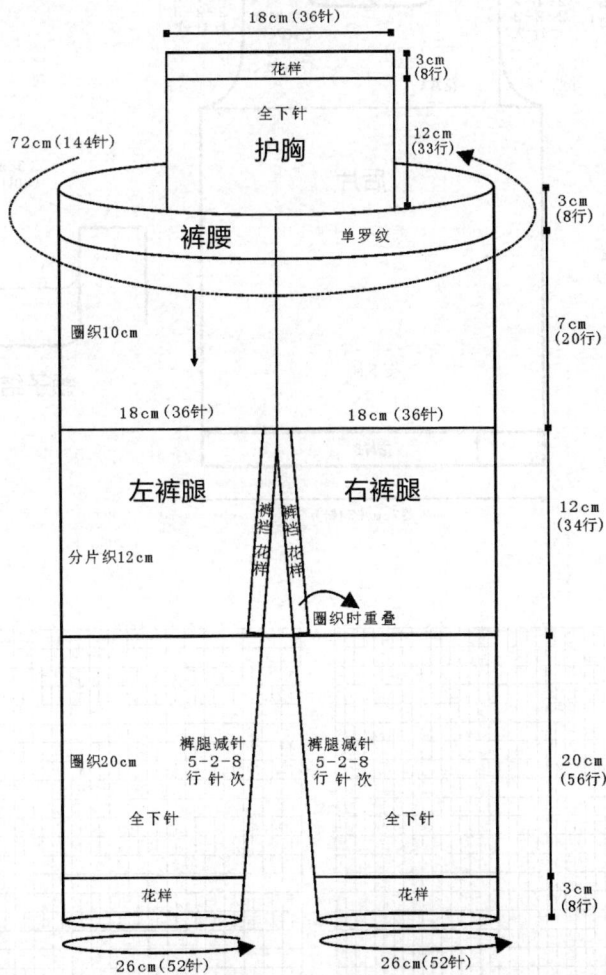

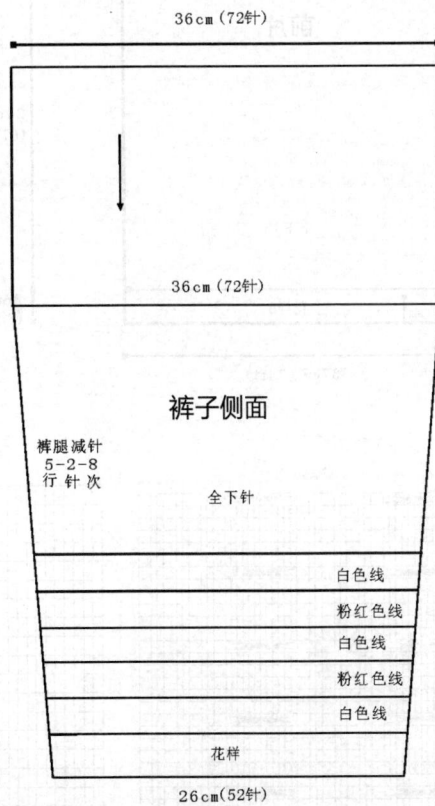

领子结构图

18cm
(36针)

4cm
(11行)

花样

14cm
(28针)

14cm
(28针)

袖片

袖山减针
2-1-6
2-2-2
2-3-3
2-4-1
行针次

4cm
(8针)

9cm
(25行)

平收5针

32cm(64针)

袖下加针
8-1-10
行针次

全下针

23cm
(64行)

白色和粉红色配色

花样

4cm
(11行)

22cm(44针)

全下针

花样

花样图案

单罗纹

护胸

18cm(36针)

花样

3cm
(8行)

全下针

12cm
(33行)

72cm(144针)

裤腰

单罗纹

3cm
(8行)

圈织10cm

7cm
(20行)

18cm(36针)

18cm(36针)

左裤腿

右裤腿

裤裆花样

裤裆花样

圈织时重叠

12cm
(34行)

分片织12cm

圈织20cm

裤腿减针
5-2-8
行针次

裤腿减针
5-2-8
行针次

20cm
(56行)

全下针

全下针

花样

花样

3cm
(8行)

26cm(52针)

26cm(52针)

裤子侧面

36cm(72针)

36cm(72针)

裤腿减针
5-2-8
行针次

全下针

12cm
(34行)

白色线
粉红色线
白色线
粉红色线
白色线

花样

26cm(52针)

裤带 单罗纹 2条

8cm
(16针)

48cm(134行)

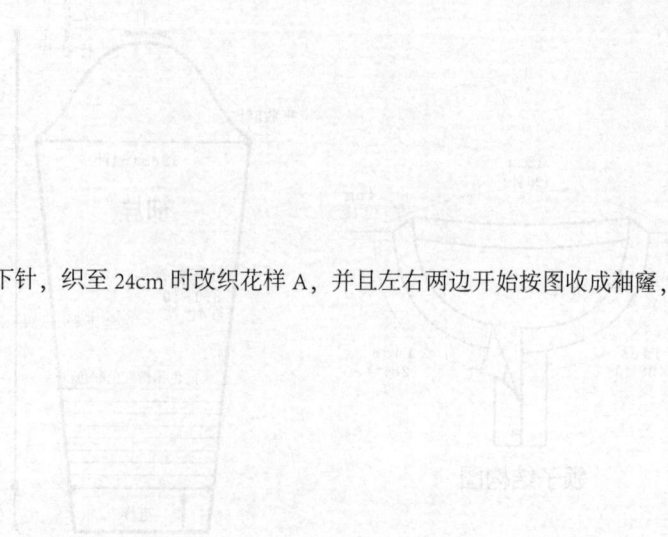

活泼系带背心裙

【成品尺寸】衣长 42cm　胸围 74cm
【工具】10 号棒针
【材料】粉红色羊毛绒线 300g
【密度】10cm²：20 针 ×28 行
【附件】自编的装饰带子 1 根

【制作过程】

1. 前片：按图用一般起针法起 74 针，织 3cm 花样 B 后，改织全下针，织至 24cm 时改织花样 A，并且左右两边开始按图收成袖窿，再织 5cm 时开领窝至织完成。

2. 后片：织法与前片一样，只是须按图开领窝。

3. 编织结束后，将前后片侧缝、肩部缝合。

4. 装饰：穿好自编的装饰带。

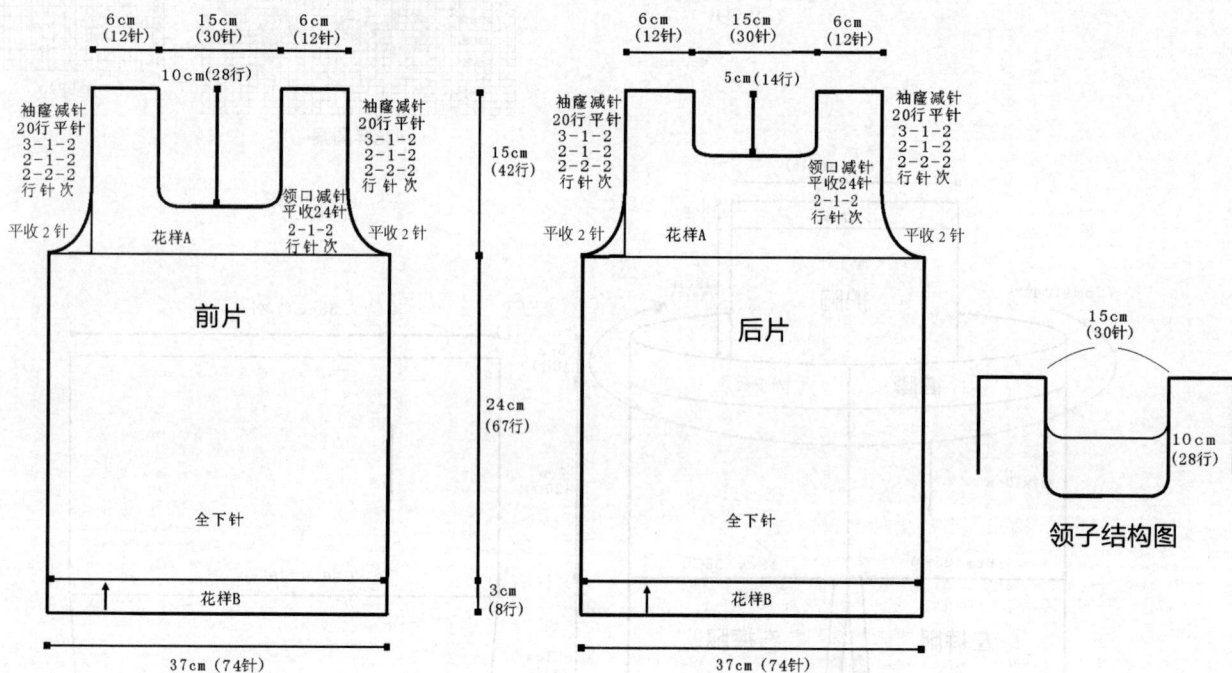

前片

6cm (12针)　15cm (30针)　6cm (12针)
10cm(28行)

袖窿减针
20行平针
3-1-2
2-1-2
2-2-2
行 针 次

领口减针
平收24针
2-1-2
行 针 次

平收 2 针　花样A　平收 2 针

全下针

花样B

15cm (42行)

24cm (67行)

3cm (8行)

37cm (74针)

后片

6cm (12针)　15cm (30针)　6cm (12针)
5cm(14行)

袖窿减针
20行平针
3-1-2
2-1-2
2-2-2
行 针 次

领口减针
平收24针
2-1-2
行 针 次

平收 2 针　花样A　平收 2 针

全下针

花样B

37cm (74针)

领子结构图

15cm (30针)

10cm (28行)

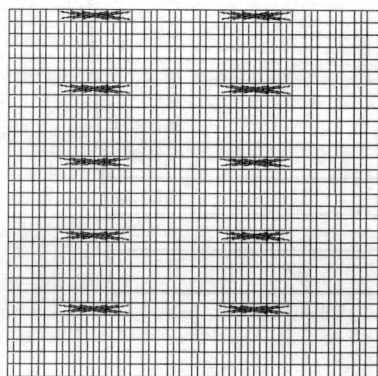

花样 A

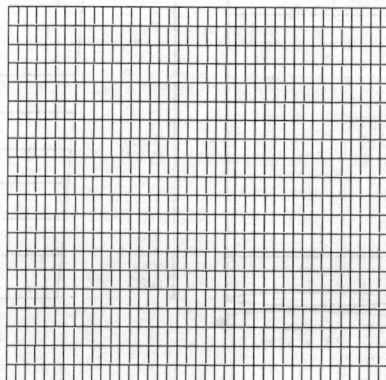

全下针

花样 B

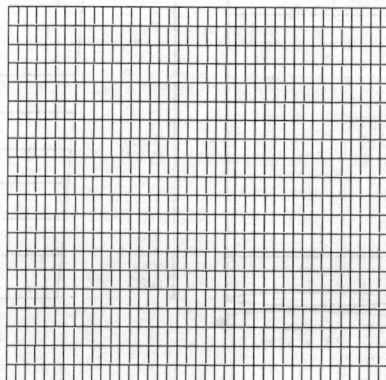

(全下针 图 / 花样 B 图)

096

白色中袖开衫

【成品尺寸】 衣长 42cm　胸围 80cm　袖长 43cm
【工具】 10 号棒针　绣花针
【材料】 米白色羊毛绒线 300g
【密度】 10cm² : 20 针 × 28 行
【附件】 钩织小花 2 朵

【制作过程】

1. 前片：分左右两片，左前片用一般起针法起 24 针，织全下针，下摆衣角按图加针，织至 27cm 时，改织花样 C，按图示收成插肩袖，再织 7cm 开领窝，织至完成。用同样方法编织右前片。

2. 后片：用一般起针法起 80 针，织全下针，织至 27cm 时，改织花样 C，左右两边开始按图示收成插肩袖，并按图开领窝，织至完成。

3. 袖片：用一般起针法起 40 针，先织 4 行花样 A 后，改织全下针，袖下按图加针，织至 27cm 时改织花样 C，按图示均匀减针，收成插肩袖山。

4. 编织结束后，将前后片侧缝、袖子缝合。

5. 领圈挑 60 针，先织 8cm 全下针后，再织 4 行花样 A，形成开襟翻领。门襟至下摆另织花样 B，与衣片缝合。

6. 装饰：将 2 朵钩织小花缝在领口。

左前片 / 右前片

12.5cm (25 针)　7.5cm (15 针)　7.5cm (15 针)　12.5cm (25 针)

8cm (22行)

插肩减针 2-1-20 行针次

平收6针 领口减针 2-2-2 4-1-3 行针次

平收5针　花样 C　平收5针

左前片 **右前片**

全下针

15cm (42行)

27cm (76行)

前片衣角加针 2-2-8

12cm (24针)　12cm (24针)

后片

12.5cm (25 针)　15cm (30针)　12.5cm (25 针)

2cm (6行)

插肩减针 2-1-20 行针次

领口减针 平收15针 2-2-2 2-1-2 行针次

平收5针　花样 C　平收5针

后片

全下针

40cm (80 针)

袖片

12.5cm (25 针)　7cm (14 针)　12.5cm (25 针)

插肩减针 2-1-20 行针次

花样 C

16cm (45行)

平收5针　32cm (64针)　平收5针

袖片

袖下加针 4-1-12 行针次

全下针

27cm (75行)

袖口织4行花样 A

20cm (40针)

领子结构图

领圈挑60针 织8cm全下针
领边织4行 花样A

领子结构图

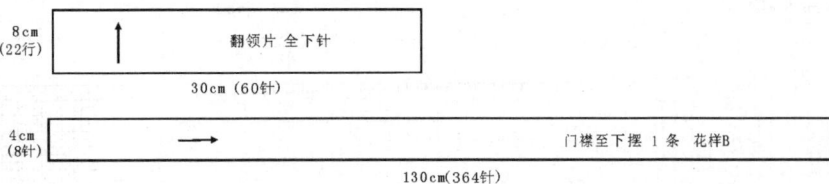

8cm (22行)　翻领片 全下针

30cm (60针)

4cm (8针)　门襟至下摆 1 条 花样B

130cm(364针)

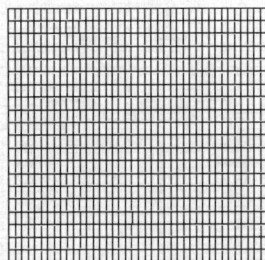

全下针

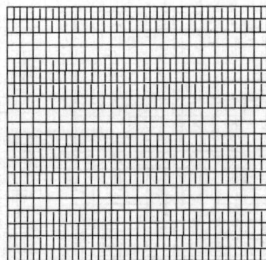

花样 B

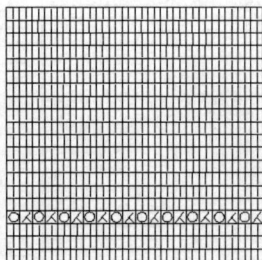

花样 A

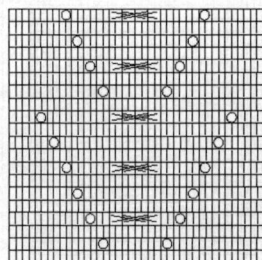

花样 C

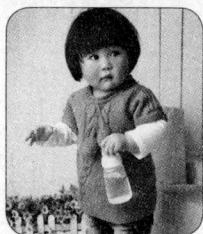

甜美娃娃衣

【成品尺寸】衣长 42cm 胸围 80cm 袖长 19cm
【工具】10 号棒针
【材料】绿色羊毛绒线 300g
【密度】10cm² : 20 针 ×28 行
【附件】自编装饰球 2 个

【制作过程】

1. 前片：用一般起针法起 80 针，织 3cm 花样 B 后，改织花样 A，织至 24cm 时左右两边开始按图收成插肩袖窿，再织 7cm 开领窝，至织完成。

2. 后片：用一般起针法起 80 针，织 3cm 花样 B 后，改织全下针，织至 24cm 时左右两边开始按图收成插肩袖窿，再织 13cm 开领窝，至织完成。

3. 袖片：用一般起针法起 64 针，织 3cm 花样 B 后，改织花样 A，按图示均匀减针，收成插肩袖山。

4. 编织结束后，将前后片侧缝、袖子缝合。

5. 领圈挑 98 针，织 5cm 双罗纹，形成圆领。

6. 装饰：系上自编装饰球。

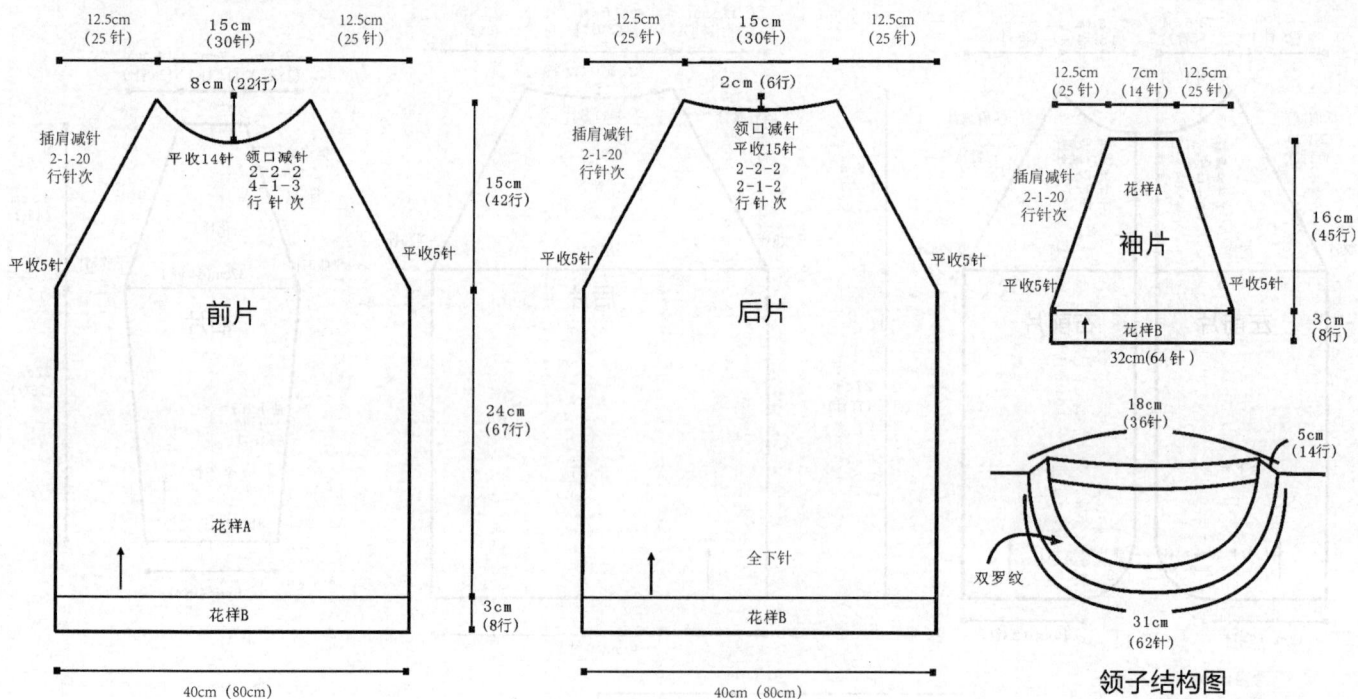

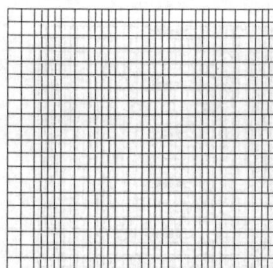
双罗纹

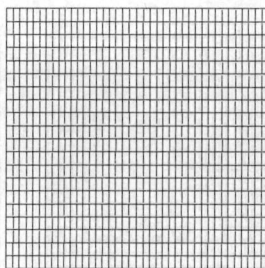
全下针

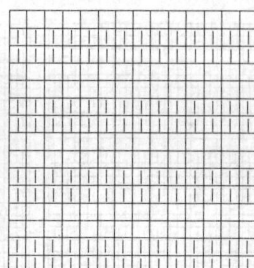
花样 B

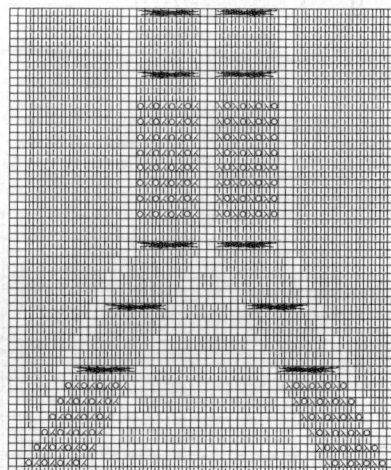
花样 A

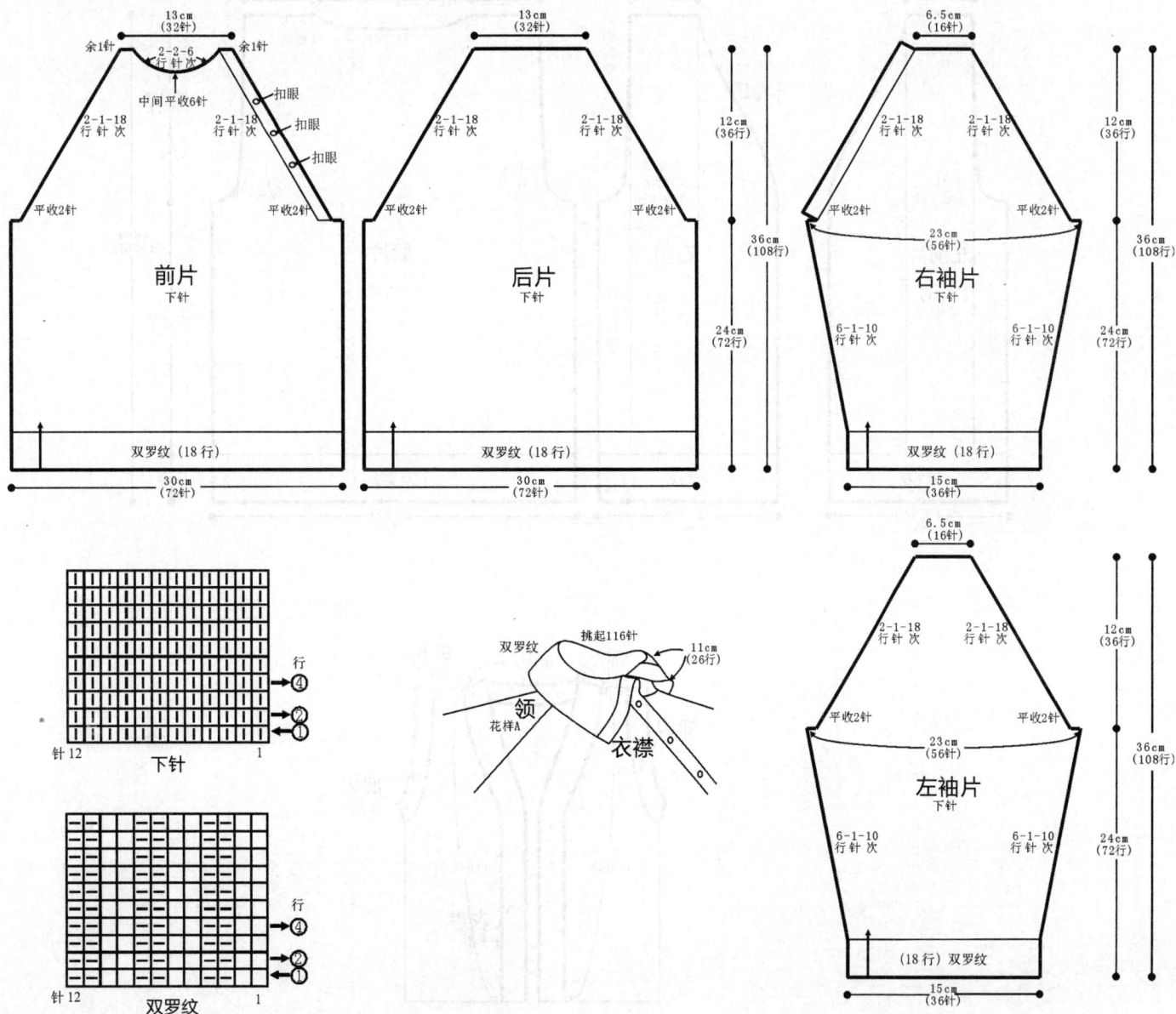

宽松大翻领毛衣

【成品尺寸】 衣长36cm　胸围60cm　袖长36cm

【工具】 12号棒针　绣花针

【材料】 灰色羊毛线500g

【密度】 10cm² : 24针×30行

【附件】 纽扣3枚

【制作过程】

1. 后片：起72针，织双罗纹，织18行后，改织下针，织至24cm，两侧各平收2针，然后按2-1-18的方法插肩减针，后片共织36cm长，领部余下32针。

2. 前片：起72针，织双罗纹，织18行后，改织下针，织至24cm，两侧各平收2针，右侧织6针双罗纹，然后下针的两侧按2-1-18的方法插肩减针，织至32cm，织片中间平收6针，两侧按2-2-6的方法前领减针，前片共织36cm长，两侧各余下1针。

3. 左袖片：从袖口往上织，起36针织双罗纹，织18行后改织下针，织至24cm，两侧各平收2针，然后按2-1-18的方法减针，袖片共织36cm长，余下16针。

4. 右袖片：从袖口往上织，起36针织双罗纹，织18行后改织下针，织至24cm，两侧各平收2针，次行左侧加起6针，加起的针数织双罗纹，袖片下针的两侧按2-1-18的方法减针，袖片共织36cm，余下22针。

5. 领：领圈挑起116针织双罗纹，往返编织，共织11cm。

6. 缝上纽扣。

前片
下针

13cm
(32针)
余1针　余1针
2-2-6
行针次
中间平收6针
扣眼
扣眼
扣眼
2-1-18
行针次
2-1-18
行针次
平收2针
平收2针
双罗纹（18行）
30cm
(72针)

后片
下针

13cm
(32针)
2-1-18
行针次
2-1-18
行针次
平收2针
平收2针
双罗纹（18行）
30cm
(72针)
12cm
(36行)
36cm
(108行)
24cm
(72行)

右袖片
下针

6.5cm
(16针)
2-1-18
行针次
2-1-18
行针次
平收2针
平收2针
23cm
(56针)
6-1-10
行针次
6-1-10
行针次
(18行)双罗纹
15cm
(36针)
12cm
(36行)
36cm
(108行)
24cm
(72行)

下针
行
④
②
①
针12　　1

双罗纹
行
④
②
①
针12　　1

双罗纹
挑起116针
11cm
(26行)
领
花样A
衣襟

左袖片
下针

6.5cm
(16针)
2-1-18
行针次
2-1-18
行针次
平收2针
平收2针
23cm
(56针)
6-1-10
行针次
6-1-10
行针次
(18行)双罗纹
15cm
(36针)
12cm
(36行)
36cm
(108行)
24cm
(72行)

优雅个性外套

【成品尺寸】衣长 40cm　胸围 55cm
【工具】12 号棒针
【材料】暗红色棉线 300g
【密度】10cm² : 27 针 ×34 行

【制作过程】

1. 后片：起 74 针，织单罗纹，织 5cm 的高度，改织花样 A，织至 25.5cm，两侧各平收 4 针，然后按 2-1-2 的方法袖窿减针，织至 39cm，中间平收 26 针，两侧按 2-1-2 的方法后领减针，最后两肩部各余下 16 针，后片共织 40cm。

2. 左前片：起 34 针，织单罗纹，织 5cm 的高度，改花样 A 与花样 B 组合编织，如结构图所示，织至 25.5cm，左侧平收 4 针，然后按 2-1-2 的方法袖窿减针，同时右侧按 2-1-12 的方法前领减针，余下 16 针，左前片共织 40cm。右前片的编织方法与左前片一样，方向相反。

3. 编织结束后，将前后片侧缝、肩部缝合。

4. 袖边：沿袖窿挑起 80 针织单罗纹，织 2cm 的宽度。

5. 领片：领圈及前襟挑起 246 针织搓板针，往返编织，织 3cm。

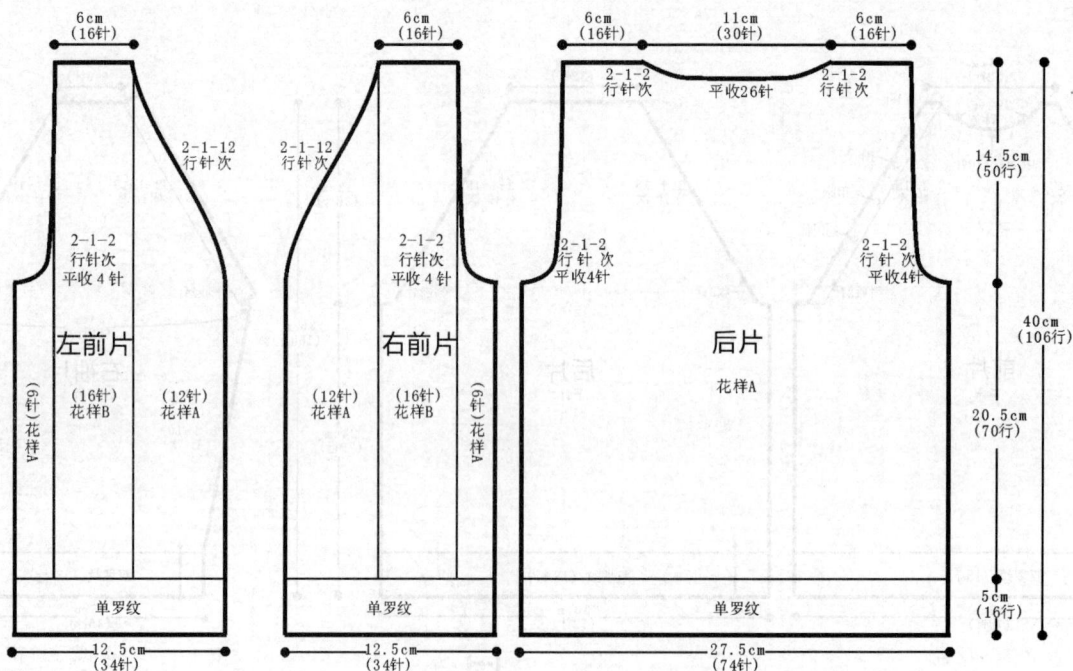

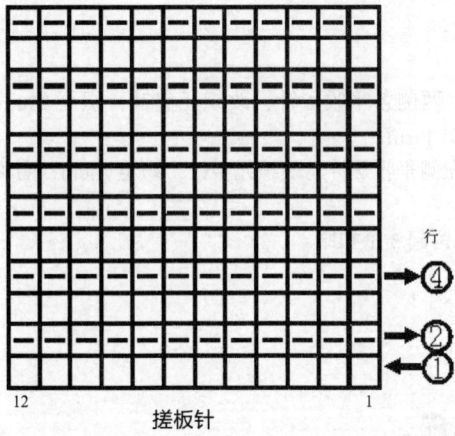

行
④→
②→
①→

12　　　搓板针　　　1

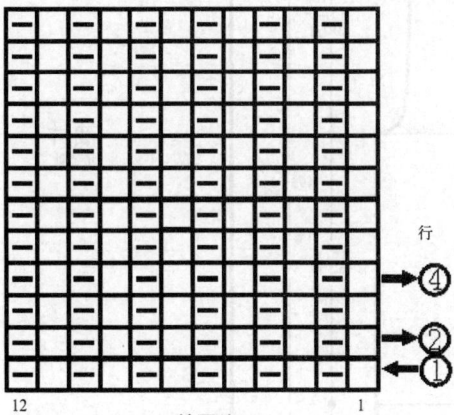

行
④→
②→
①→

12　　　单罗纹　　　1

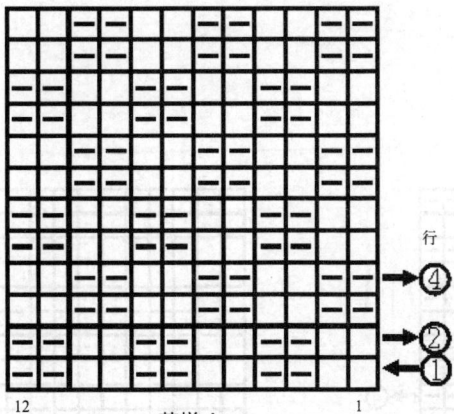

行
④→
②→
①→

12　　　花样 A　　　1

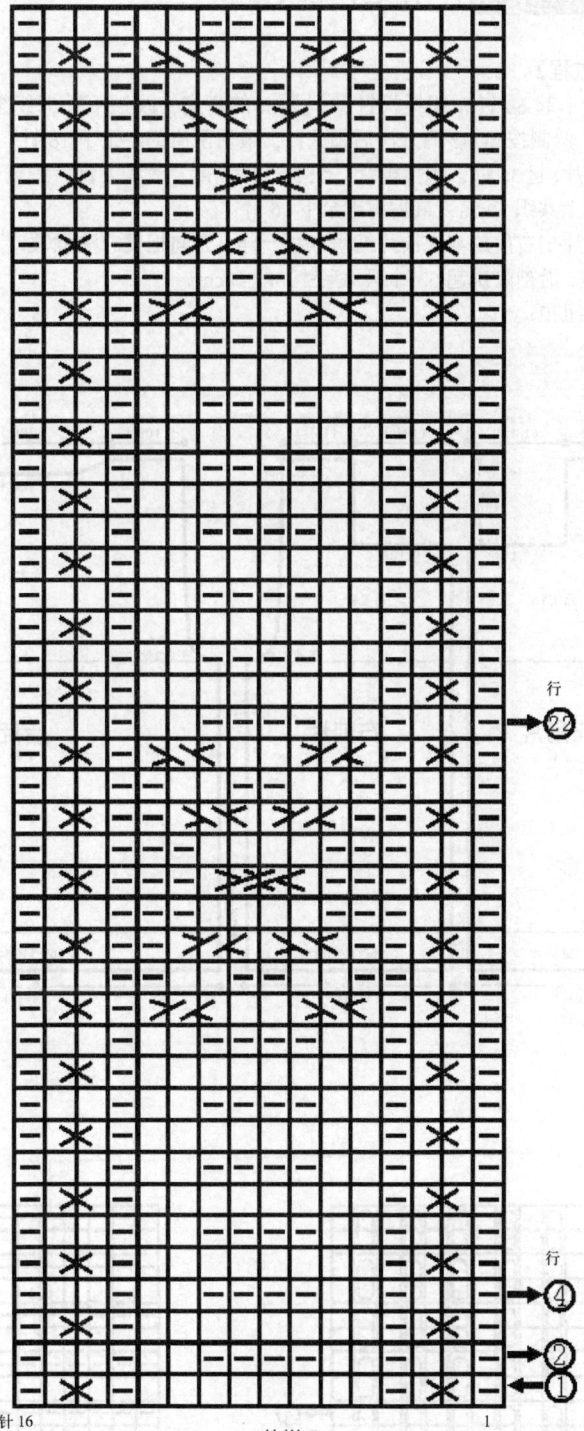

行
22→

行
④→
②→
①→

针 16　　　花样 B　　　1

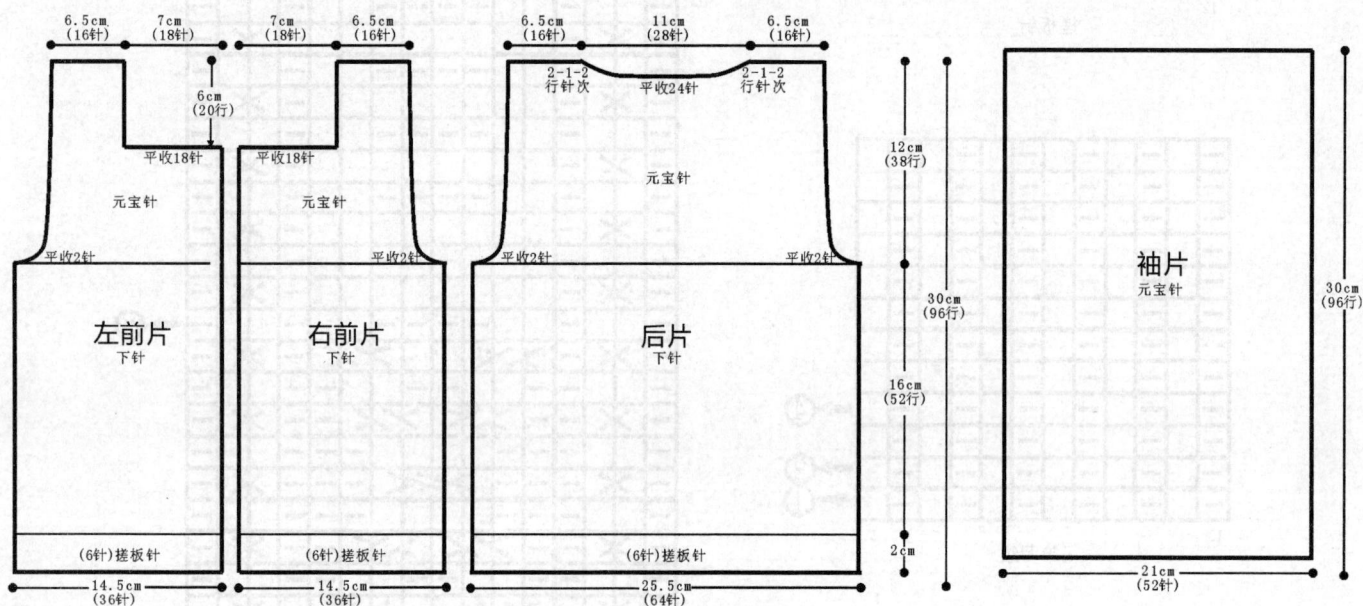

简约淑女开衫

【成品尺寸】衣长 30cm　胸围 51cm　袖长 30cm

【工具】11 号棒针·绣花针

【材料】浅蓝色棉线 350g

【密度】10cm² : 25 针 ×32 行

【附件】纽扣 3 枚

【制作过程】

1. 后片：起 64 针，织搓板针，织 2cm 的高度，改织下针，织至 18cm，两侧各平收 2 针，改织元宝针，织至 29cm，中间平收 24 针，两侧按 2-1-2 的方法后领减针，最后两肩部各余下 16 针，后片共织 30cm。

2. 左前片：起 36 针，织搓板针，织 2cm 的高度，改织下针，织至 18cm，左侧平收 2 针，改织元宝针，织至 24cm，右侧平收 18 针，继续往上共织 30cm，最后肩部余下 16 针。

3. 右前片：右前片与左前片编织方法一样，方向相反。注意领口下方均匀留起 3 个扣眼。

4. 袖片：沿袖窿挑起 52 针织元宝针，织 30cm。

5. 缝上纽扣。

左前片 下针

右前片 下针

后片 下针

袖片 元宝针

6.5cm (16针)　7cm (18针)　7cm (18针)　6.5cm (16针)

6cm (20行)

平收18针

元宝针

平收2针

(6针)搓板针

14.5cm (36针)

6.5cm (16针)　11cm (28针)　6.5cm (16针)

2-1-2 行针次　平收24针　2-1-2 行针次

元宝针

平收2针

(6针)搓板针

25.5cm (64针)

12cm (38行)

30cm (96行)

16cm (52行)

2cm

30cm (96行)

21cm (52针)

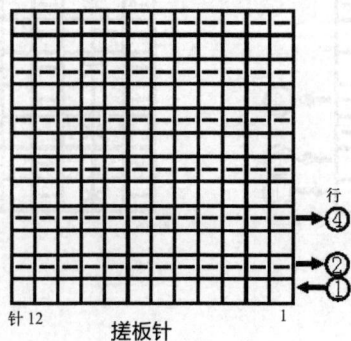

针12　　1

元宝针

搓板针

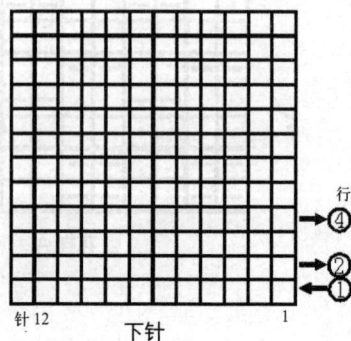

针12　　1

下针

行 ④ ② ①

甜美宽松外套

【成品尺寸】衣长 35cm　胸围 54cm　袖长 31cm
【工具】12 号棒针　绣花针
【材料】橘黄色棉线 350g
【密度】10cm² : 26 针 ×34 行
【附件】纽扣 3 枚

【制作过程】
1. 后片：起 88 针，织搓板针，织 6 行后改织下针，织至 21cm，将织片均匀减针成 70 针，改织花样，按图示袖窿减针，两侧各平收 4 针，然后按 2-1-4 的方法减针，织至 34cm，中间平收 14 针，两侧按 2-1-2 的方法减针，后片共织 35cm 长。
2. 左前片：起 41 针，织搓板针，织 6 行后改织下针，织至 21cm，将织片均匀减针成 33 针，改织花样，按图示袖窿减针，左侧平收 4 针，然后按 2-1-4 的方法减针，织至 30cm，右侧按 2-2-1，2-1-5 的方法减针，左前片共织 35cm。用同样的方法在相反方向编织右前片。
3. 袖片：起 52 针织搓板针，织 6 行后，改织下针，两侧按 8-1-8 的方法加针，织至 21cm，织片变成 68 针，然后按 1-4-1，2-1-17 的方法减针织成袖山，最后余下 26 针，袖片共织 31cm。
4. 衣襟：沿左右前片衣襟侧分别挑起 80 针织 2cm 双罗纹。
5. 领片：沿领口挑起 40 针织下针，织 6cm 后，改织 4 行搓板针，收针断线。
6. 缝上纽扣。

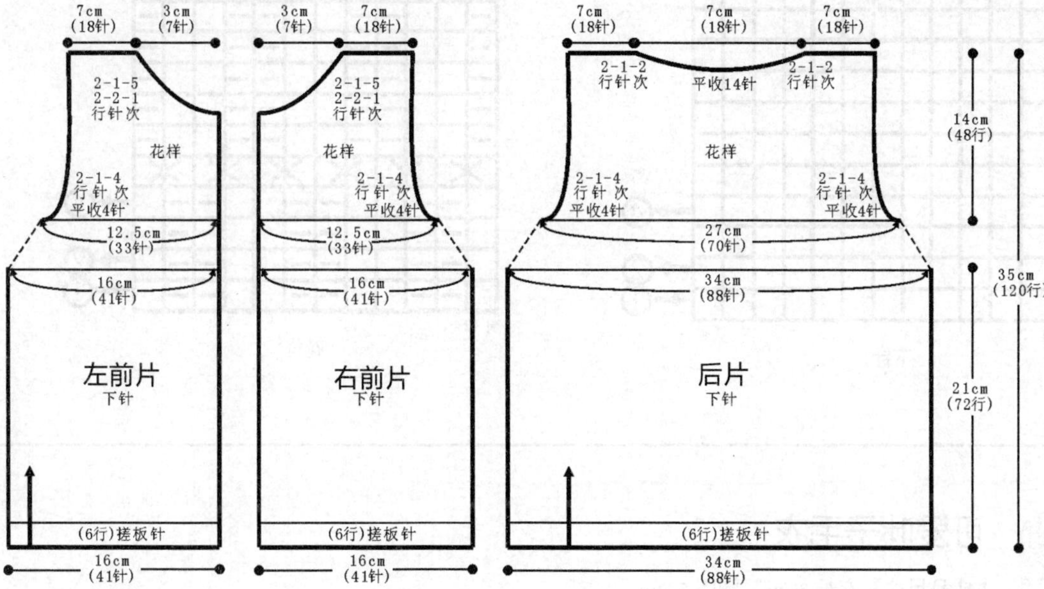

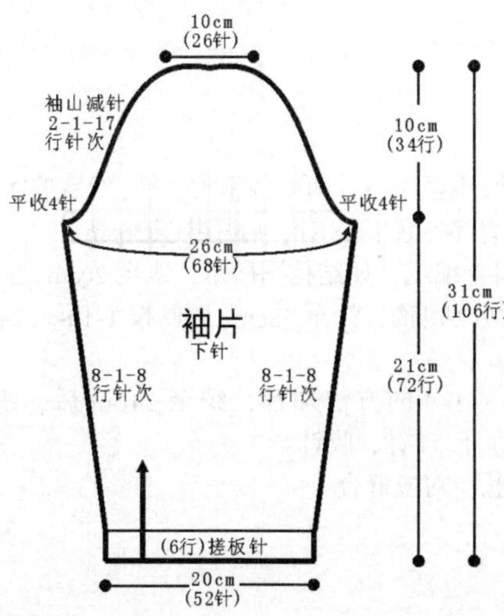

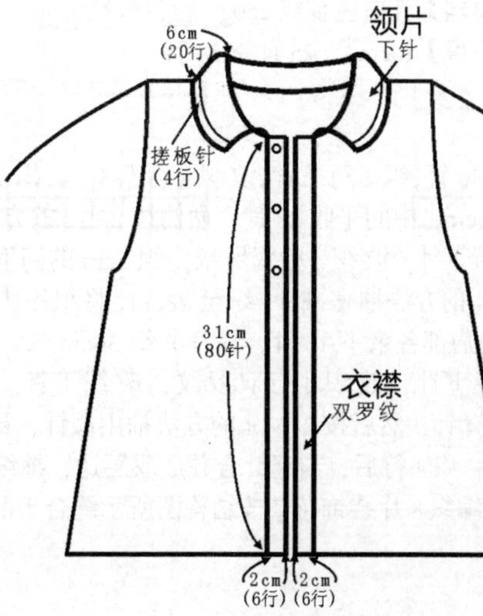

行
④
②
①
针 12　　　　　　　　　　　1
双罗纹

④
②
①
针 12　　搓板针　　　　　　　1

行
12

④
②
①
针 12　　花样　　　　　1

行
④
②
①
针 12　　　　　　　　　　　1
下针

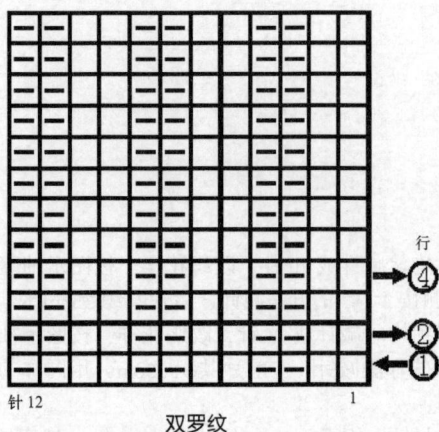

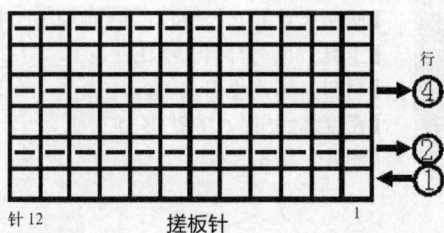

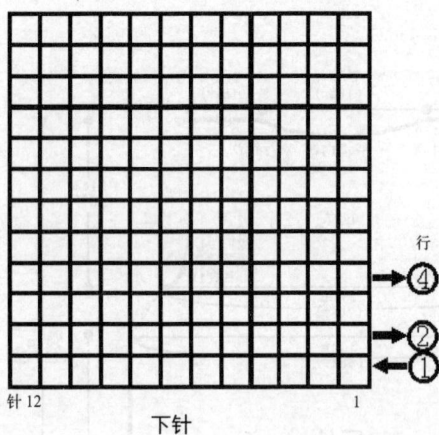

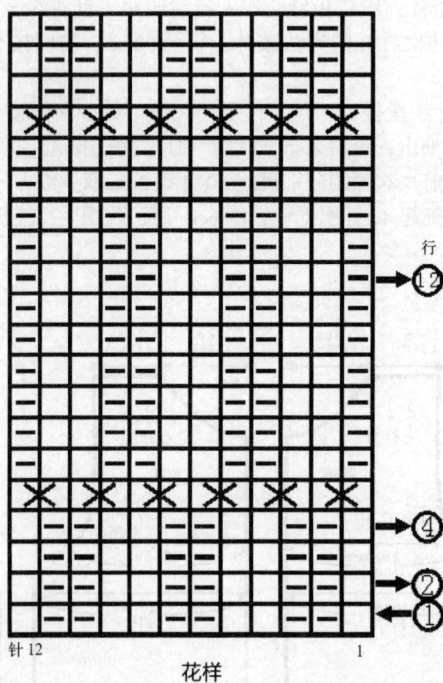

可爱叶子毛衣

【成品尺寸】衣长 36cm　胸围 52cm
【工具】12 号棒针　绣花针
【材料】乳白色棉线 250g　蓝色棉线 20g
【密度】10cm² : 25 针 × 34 行

【制作过程】

1. 后片：用乳白色棉线起 80 针，织 2 行下针，改织 4 行双罗纹，织 2cm 的高度，改织下针，织至 20cm，两侧各平收 4 针，然后按 2-1-4 的方法袖窿减针，织至 35cm，中间平收 28 针，两侧按 2-1-2 的方法后领减针，最后两肩部各余下 16 针，后片共织 36cm。

2. 前片：起 80 针，织 2 行下针，改织 4 行双罗纹，织 2cm 的高度，改织下针与上针组合编织，如结构图所示，织至 20cm，两侧各平收 4 针，然后按 2-1-4 的方法袖窿减针，织至 28cm，将织片从中间分开成左右两片分别编织，织至 32cm，两侧按 1-10-1，2-1-6 的方法前领减针，最后两肩部各余下 16 针，后片共织 36cm 长。

3. 袖片：起 52 针织 2 行下针，改织 4 行双罗纹，改织下针，两侧一边织一边按 8-1-9 的方法加针，织至 24cm 后，织片变成 70 针，两侧各平收 4 针，然后按 2-1-14 的方法袖山减针，袖片共织 32cm，最后余下 34 针，收针。

4. 帽片：起 124 针织下针，织 4 行后，与起针合并成双层边，继续编织下针，织 14cm 长，对应缝合。

5. 用蓝色线按装饰花图解编织 8 片装饰花，按结构图所示缝合于前片及帽顶。

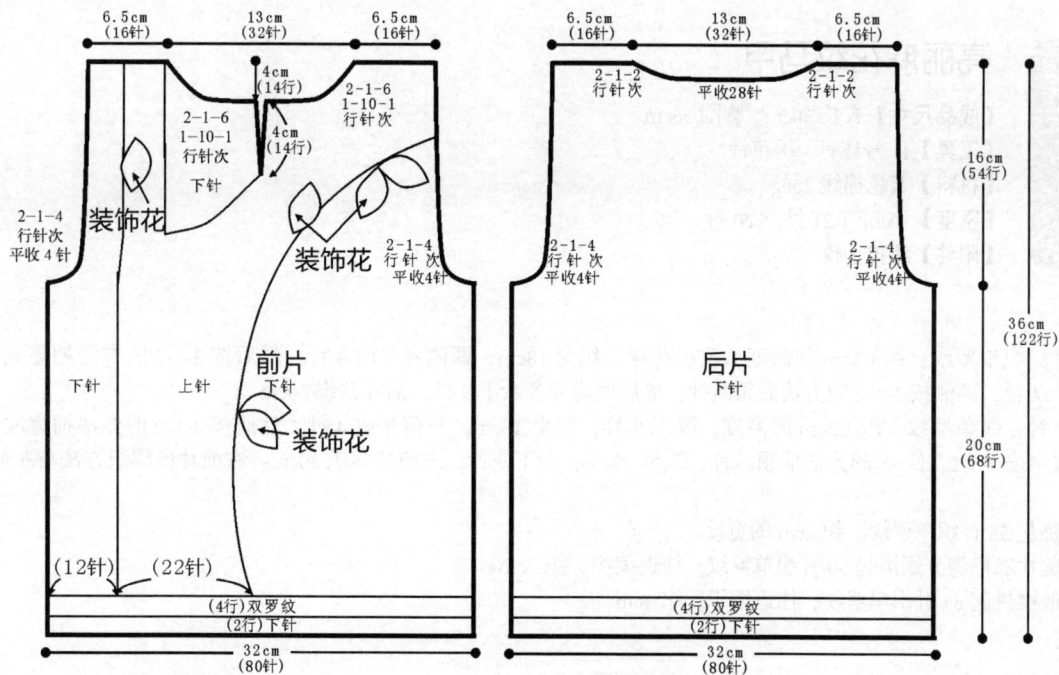

6.5cm (16针)　13cm (32针)　6.5cm (16针)

2-1-6
1-10-1
行针次
下针

4cm (14行)

2-1-6
1-10-1
行针次

4cm (14行)

2-1-4
行针次
平收4针

装饰花

装饰花

前片
下针

下针　上针　下针

装饰花

2-1-4
行针次
平收4针

(12针) (22针)

(4行)双罗纹
(2行)下针

32cm (80针)

6.5cm (16针)　13cm (32针)　6.5cm (16针)

2-1-2
行针次

平收28针

2-1-2
行针次

16cm (54行)

36cm (122行)

2-1-4
行针次
平收4针

后片
下针

2-1-4
行针次
平收4针

20cm (68行)

(4行)双罗纹
(2行)下针

32cm (80针)

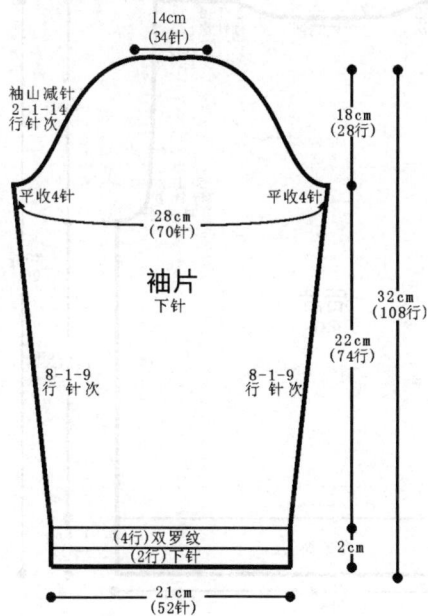

14cm (34针)

袖山减针
2-1-14
行针次

平收4针　平收4针

28cm (70针)

袖片
下针

18cm (28行)

32cm (108行)

22cm (74行)

8-1-9
行针次

8-1-9
行针次

(4行)双罗纹
(2行)下针

2cm

21cm (52针)

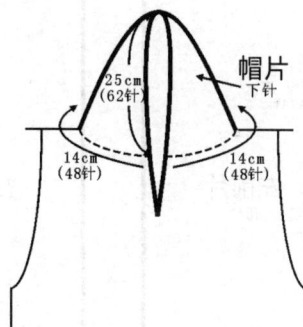

25cm (62针)

帽片
下针

14cm (48针)　14cm (48针)

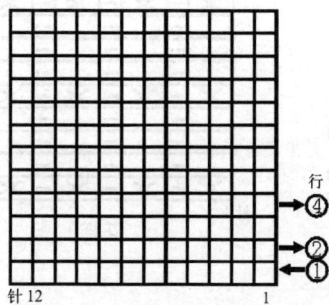

行
④
②
①

针12　　　1

下针

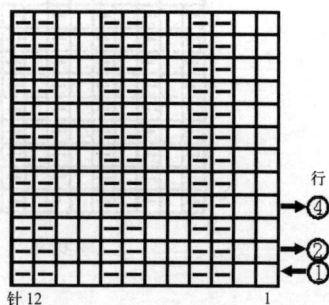

行
④
②
①

针12　　　1

双罗纹

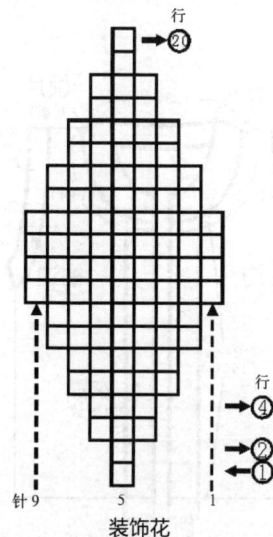

行⑳

行
④
②
①

针9　　　5　　　1

装饰花

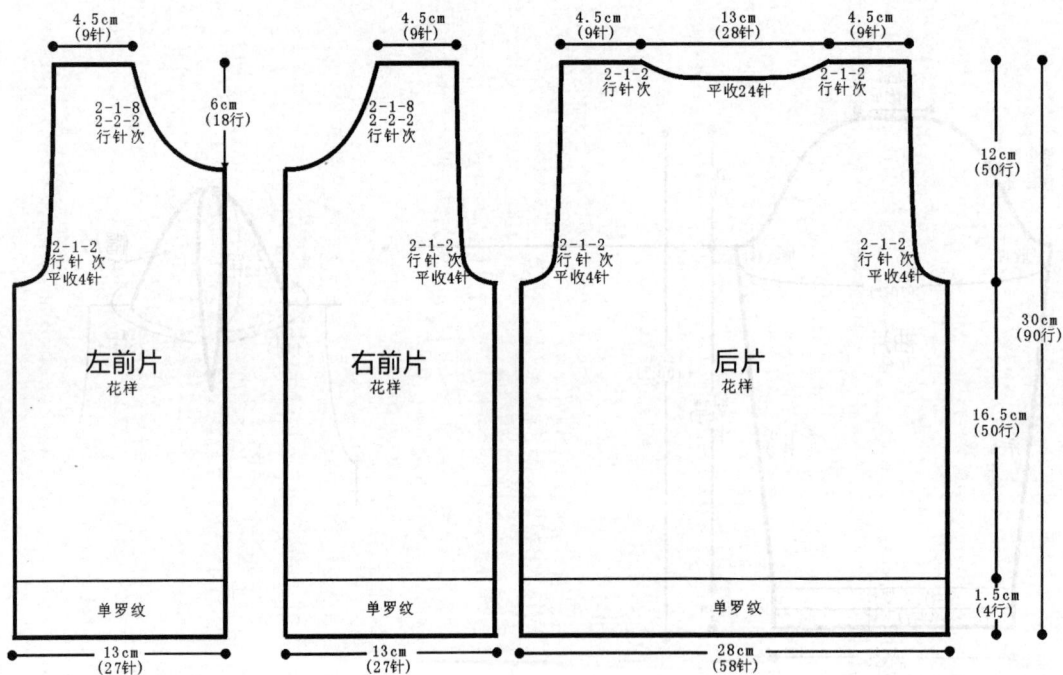

亮丽麻花纹马甲

【成品尺寸】衣长 30cm 胸围 56cm
【工具】11 号棒针 绣花针
【材料】黄色棉线 250g
【密度】10cm² : 21 针×30 行
【附件】纽扣 5 枚

【制作过程】
1. 后片：起 58 针，织单罗纹，织 1.5cm 的高度，改织花样，织至 18cm，两侧各平收 4 针，然后按 2-1-2 的方法袖窿减针，织至 29cm，中间平收 24 针，两侧按 2-1-2 的方法后领减针，最后两肩部各余下 9 针，后片共织 30cm。
2. 左前片：起 27 针，织单罗纹，织 1.5cm 的高度，改织花样，织至 18cm，左侧平收 4 针，然后按 2-1-2 的方法袖窿减针，织至 24cm 的高度，右侧按 2-2-2，2-1-8 的方法前领减针，织至 30cm，余下 9 针，左前片共织 30cm。右前片的编织方法与左前片一样，方向相反。
3. 袖边：沿袖窿挑起 56 针织单罗纹，织 2cm 的宽度。
4. 衣襟：沿左右前片衣襟侧分别挑起 50 针织单罗纹，往返编织，织 2cm。
5. 领子：领圈及前襟挑起 64 针织单罗纹，往返编织，织 2cm。
6. 缝上纽扣。

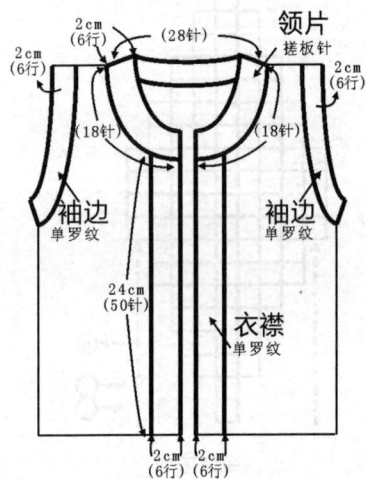

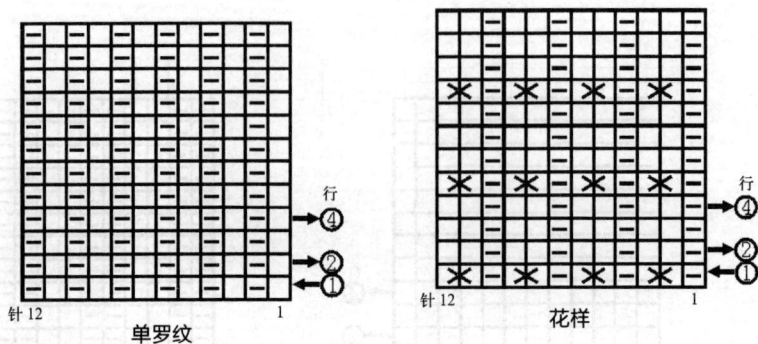

甜美黄色开衫

【成品尺寸】衣长 45cm 胸围 74cm 袖长 45cm

【工具】10 号棒针 绣花针

【材料】黄色羊毛绒线 300g

【密度】10cm²：20 针 ×28 行

【附件】纽扣 1 枚

【制作过程】

1. 这款毛衣是从上往下编织，用一般起针法起 92 针，织花样，每织 2 针加 1 针，织至 6cm 时，为 137 针，再每织 2 针加 1 针，织6cm 时，为 205 针，再织 6cm 时每织 3 针加 1 针，此时为 272 针。这时开始分前后片和袖片，按编织方向，前片分左、右两片编织，前后片织至 27cm，袖片袖下按图减针，织 27cm。

2. 装饰：用绣花针缝上纽扣。

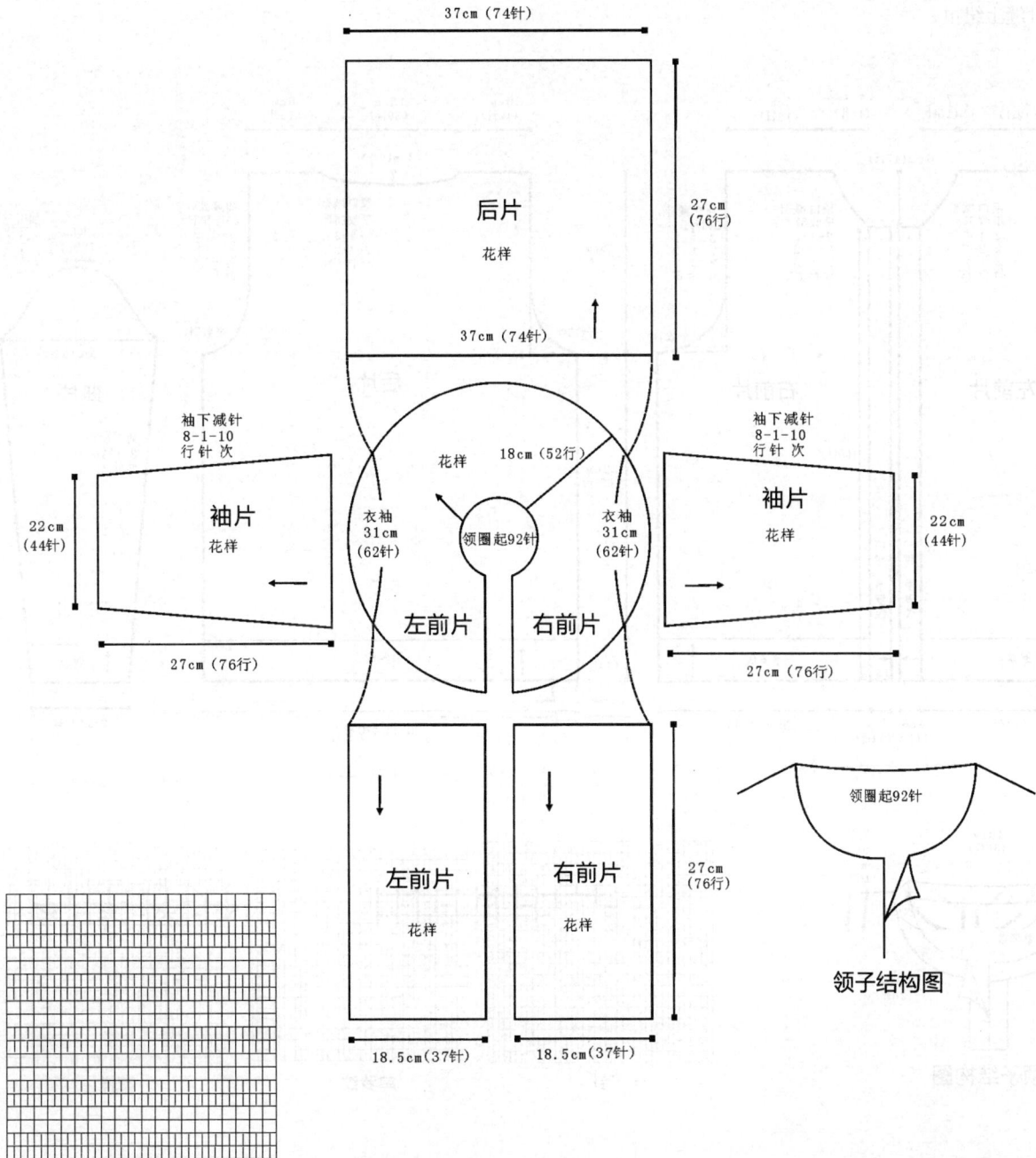

37cm（74针）

后片
花样

27cm（76行）

37cm（74针）

袖下减针
8-1-10
行 针 次

22cm
（44针）

袖片
花样

27cm（76行）

花样

18cm（52行）

衣袖
31cm
（62针）

领圈起92针

左前片　右前片

衣袖
31cm
（62针）

袖下减针
8-1-10
行 针 次

22cm
（44针）

袖片
花样

27cm（76行）

左前片
花样

右前片
花样

27cm（76行）

18.5cm（37针）　18.5cm（37针）

领圈起92针

领子结构图

花样

清新长袖外套

【成品尺寸】 衣长 42cm　胸围 80cm　袖长 45cm

【工具】 10 号棒针　绣花针

【材料】 粉红色羊毛绒线 300g

【密度】 10cm² = 20 针 × 28 行

【附件】 纽扣 4 枚

【制作过程】

1. 前片：分左右两片，左前片按图起 40 针，织 5cm 单罗纹后，改织花样，织至 22cm 时左右两边开始按图收成袖窿，再织 9cm 开领窝至织完成。用同样方法对应织右片。

2. 后片：按图起 80 针，织 5cm 单罗纹后，改织花样，织至 22cm 时左右两边开始按图收成袖窿，再织 13cm 开领窝至完成。

3. 袖片：按图起 44 针，织 5cm 单罗纹后，改织全下针，袖下按图加针，织至 31cm 时按图示均匀减针，收成袖山。

4. 编织结束后，将前后片侧缝、肩部、袖子缝合。门襟挑 60 针，织 4cm 单罗纹，右片均匀开扣孔。

5. 领圈挑 92 针，织 4cm 单罗纹，形成开襟圆领。

6. 用绣花针缝上纽扣。

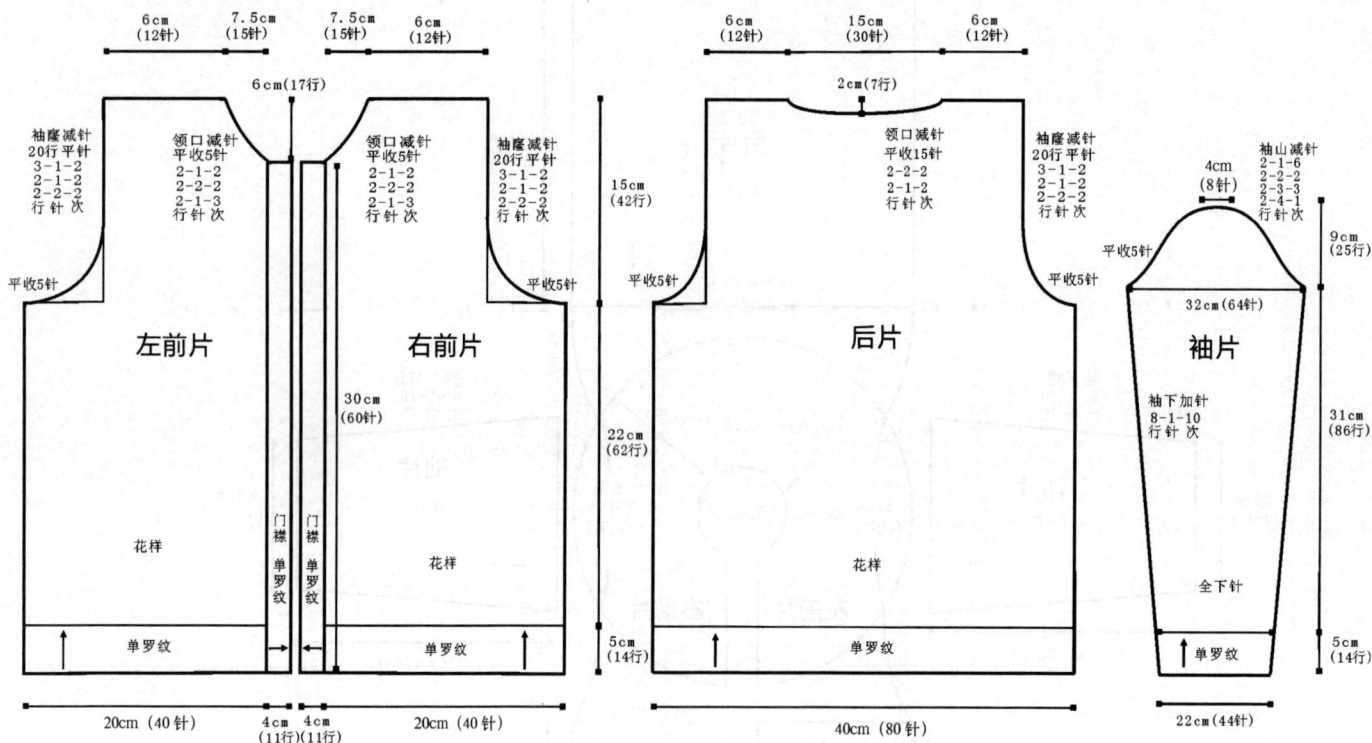

领子结构图

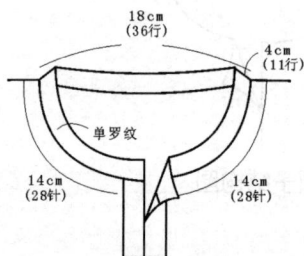

全下针

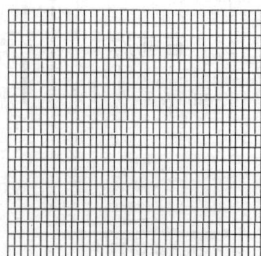

单罗纹

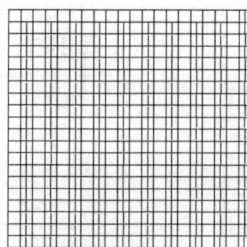

花样

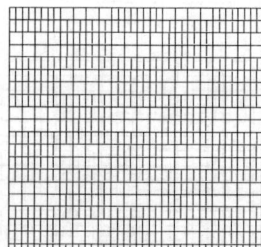

典雅麻花纹外套

【成品尺寸】衣长 37cm　胸围 62cm　袖长 31cm
【工具】12 号棒针　绣花针
【材料】杏色棉线 400g
【密度】10cm² : 22 针 ×30 行
【附件】纽扣 4 枚

【制作过程】

1. 后片:起 69 针,织花样 A,织 10 行的高度,改为上针与花样 B、花样 C 组合编织,如结构图所示,织至 25cm,两侧各平收 8 针,继续往上编织,织至 36cm,中间平收 25 针,两侧按 2-1-2 的方法后领减针,最后两肩部各余下 12 针,后片共织 37cm。

2. 左前片:起 38 针,织花样 A,织 10 行的高度,改为上针与花样 B、花样 A 组合编织,如结构图所示,织至 25cm,左侧平收 8 针,右侧 6 针花样 A 继续编织,花样 B 按 2-1-10 的方法减针织成前领,织至 37cm,将肩部 12 针收针,衣襟的 6 针继续编织 7cm 的长度。

3. 右前片 : 右前片与左前片编织方法一样,方向相反。注意领口下方均匀留起 4 个扣眼。

4. 袖片 : 起 52 针,织花样 A,织 10 行的高度,改为上针与花样 B 组合编织,如结构图所示,织至 31cm。袖底缝合时在袖山位置留起 3.5cm,分别与前后片袖窿缝合。

5. 缝上纽扣。

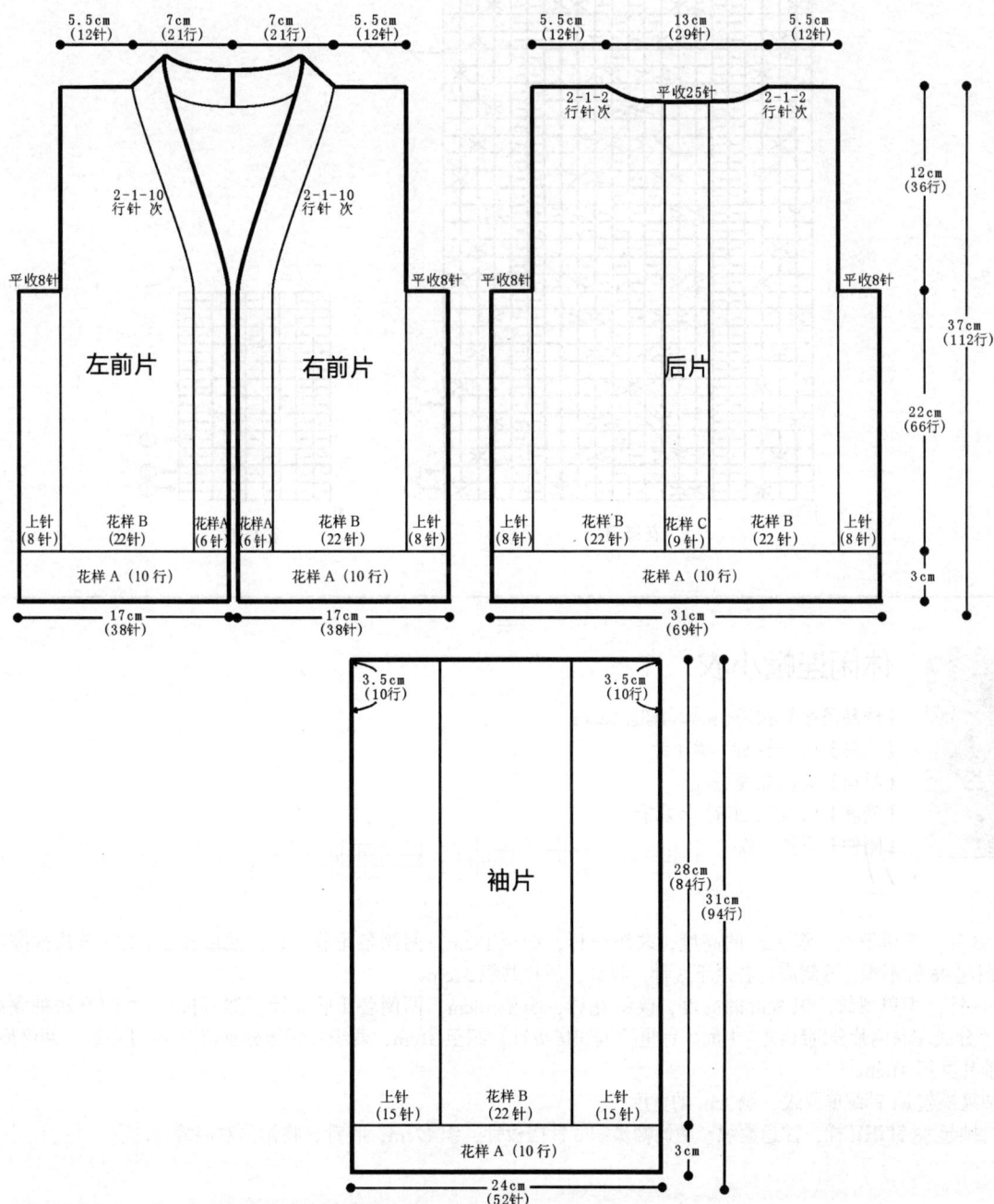

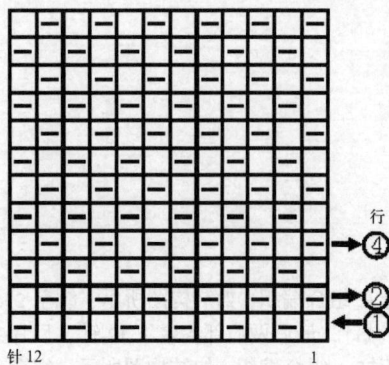

针12　　　　　　　　1
花样 A

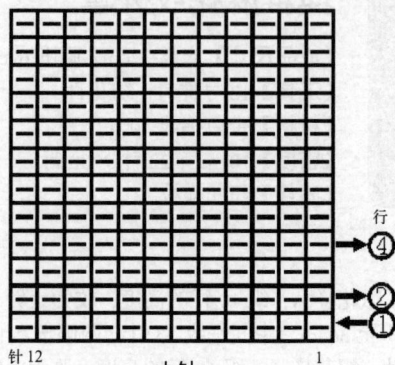

针12　　　　　　　　1
上针

行
④
②
①

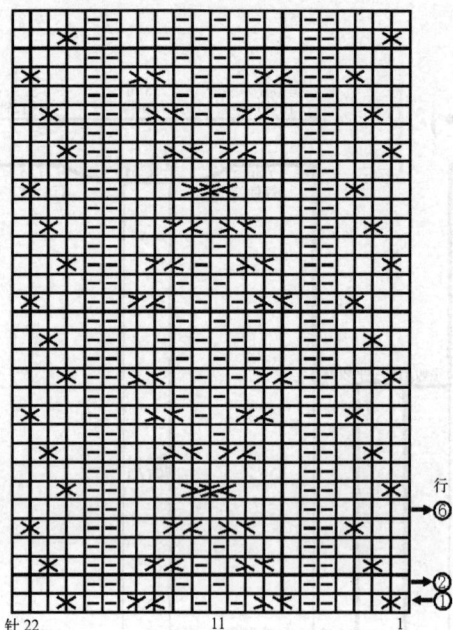

针22　　　　11　　　　1
花样 B

行
⑥
②
①

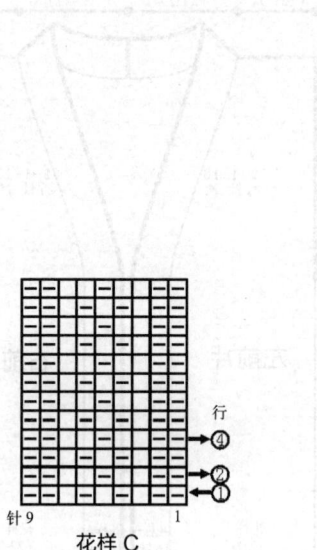

针9　　　　1
花样 C

行
④
②
①

休闲连帽小衣

【成品尺寸】衣长 31cm　胸围 56cm

【工具】10 号棒针　绣花针

【材料】灰色棉线 250g

【密度】10cm²：20 针 ×28 行

【附件】纽扣 1 枚

【制作过程】

1. 后片：起 56 针，织单罗纹，织 3cm 的高度，改织花样，织至 18cm，两侧各平收 4 针，然后按 2-1-7 的方法袖窿减针，织至 31cm，中间留起 26 针不织，两侧肩部各余下 8 针，收针，后片共织 31cm。

2. 前片：起 56 针，织单罗纹，织 3cm 的高度，改织花样，织至 18cm，两侧各平收 4 针，然后按 2-1-7 的方法袖窿减针，织至 24cm，将织片分成左右两片分别编织，中间 6 针重叠编织搓板针，织至 31cm，两织片领侧分别留起 16 针不织，两侧肩部各余下 8 针，收针，前片共织 31cm。

3. 袖边：沿袖窿挑起 64 针织单罗纹，织 2cm 的宽度。

4. 帽片：领口挑起 58 针织花样，往返编织，两侧帽襟织 6 针搓板针，织 17cm，收针，将帽顶对应缝合。

5. 缝上纽扣。

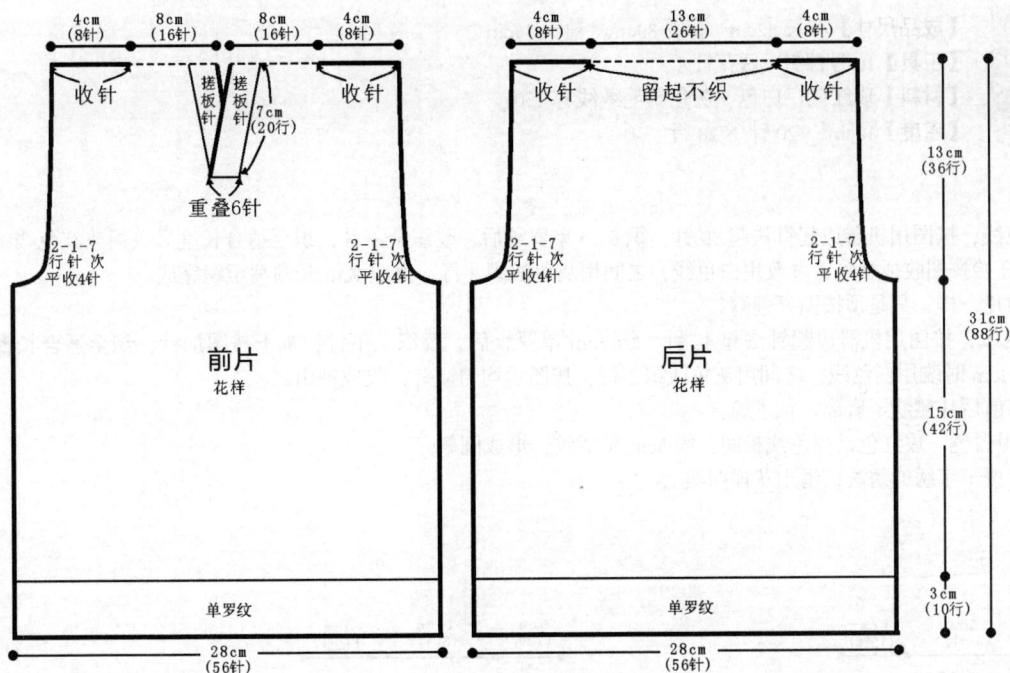

4cm
(8针)　8cm
(16针)　8cm
(16针)　4cm
(8针)

收针　搓板针　搓板针　收针

7cm
(20行)

重叠6针

2-1-7
行针次
平收4针

前片
花样

2-1-7
行针次
平收4针

单罗纹

28cm
(56针)

4cm
(8针)　13cm
(26针)　4cm
(8针)

收针　留起不织　收针

13cm
(36行)

2-1-7
行针次
平收4针

后片
花样

2-1-7
行针次
平收4针

31cm
(88行)

15cm
(42行)

单罗纹

3cm
(10行)

28cm
(56针)

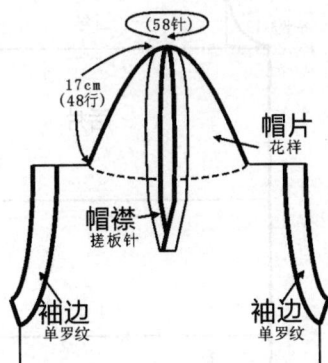

(58针)

17cm
(48行)

帽片
花样

帽襟
搓板针

袖边
单罗纹

袖边
单罗纹

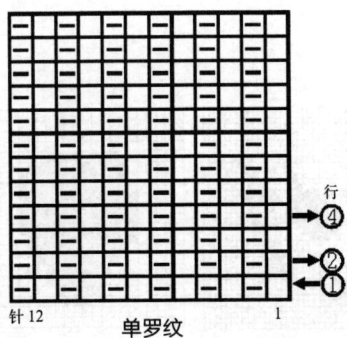

针12　　单罗纹　　1

行
④
②
①

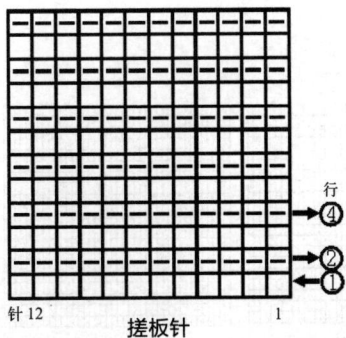

针12　　搓板针　　1

行
④
②
①

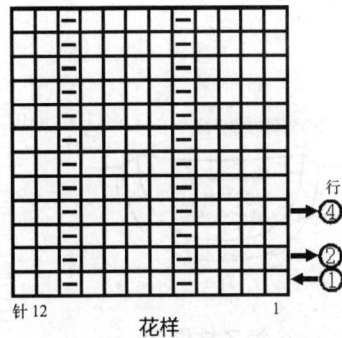

针12　　花样　　1

行
④
②
①

亮丽花朵套头装

【成品尺寸】衣长 42cm　胸围 80cm　袖长 36cm
【工具】10 号棒针　绣花针
【材料】玫红色、白色、灰色羊毛绒线各 150g
【密度】10cm² : 20 针 ×28 行

【制作过程】

1. 前片：先用灰色线，按图用机器边起针法起 80 针，织 8cm 单罗纹后，改织全下针，织至适合长度后改用玫红色线继续织，织至 19cm 时左右两边开始按图收成袖窿，并改用白色线，之间用灰色线织 2 行，再织 9cm 开领窝至织完成。
2. 后片：织法与前片一样，只是须按图开领窝。
3. 袖片：先用灰色线，按图用机器边起针法起 44 针，织 5cm 单罗纹后，改织全下针，袖下按图加针，织至适合长度改用玫红色线继续织，织至 22cm 时改用白色线，之间用灰色线织 2 行，按图示均匀减针，收成袖山。
4. 编织结束后，将前后片侧缝、肩部、袖子缝合。
5. 领圈挑 98 针，用白色、玫红色、灰色线相间，织 5cm 单罗纹，形成圆领。
6. 装饰：用绣花针按十字绣的绣法，绣上花样图案 A、B。

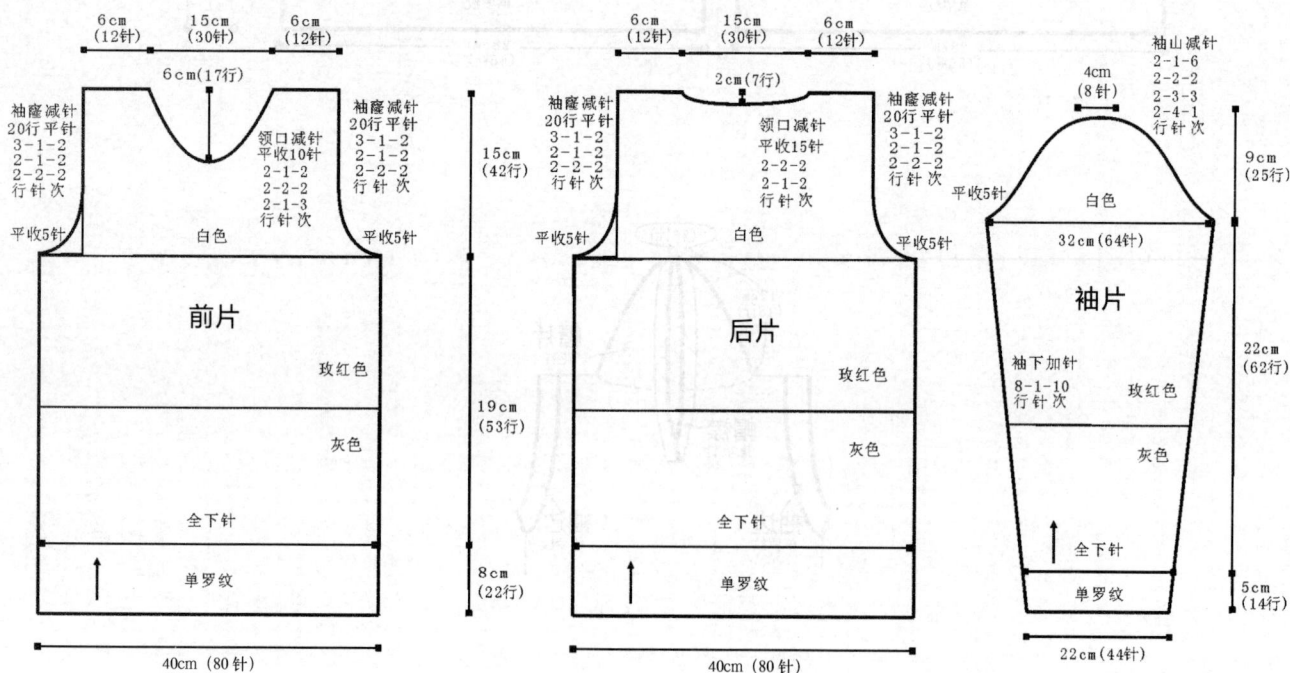

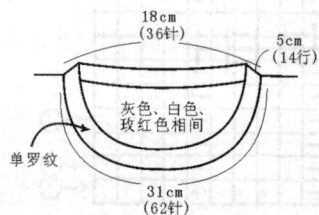

领子结构图

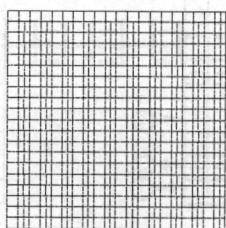

单罗纹

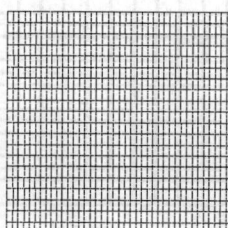

全下针

花样图案 A

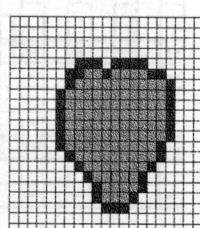

花样图案 B

可爱圆领毛衣

【成品尺寸】 衣长 36cm　胸围 60cm　袖长 36cm
【工具】 12 号棒针　绣花针
【材料】 白色奶棉线 250g　红色奶棉线 50g
【密度】 10cm² : 24 针 ×30 行
【附件】 纽扣 5 枚　布饰 1 片

【制作过程】

1. 后片：用红色线起 72 针，织单罗纹，织 12 行后，改为白色线织下针，织至 24cm，两侧各平收 2 针，然后按 2-1-18 的方法插肩减针，后片共织 36cm，领部余下 32 针。

2. 前片：用红色线起 72 针，织单罗纹，织 12 行后，改为白色线织下针，织至 24cm，两侧各平收 2 针，左侧织 6 针单罗纹，然后下针的两侧按 2-1-18 的方法插肩减针，织至 32cm，织片中间平收 6 针，两侧按 2-2-6 的方法前领减针，前片共织 36cm，两侧各余下 1 针。

3. 右袖片：从袖口往上织，起 36 针织单罗纹，织 12 行后改织下针，织至 24cm，两侧各平收 2 针，然后按 2-1-18 的方法减针，袖片共织 36cm 长，余下 16 针。

4. 左袖片：从袖口往上织，起 36 针织单罗纹，织 12 行后改织下针，织至 24cm，两侧各平收 2 针，次行右侧加起 6 针，加起的针数织单罗纹，袖片下针的两侧按 2-1-18 的方法减针，袖片共织 36cm，余下 22 针。

5. 领子：领圈挑起 108 针织单罗纹，往返编织，共织 3cm。

6. 沿衣摆和袖摆以平针绣方式织花样图案 A，前片中央以十字绣方式绣花样图案 B，右前胸位置胶粘布饰，缝上纽扣。

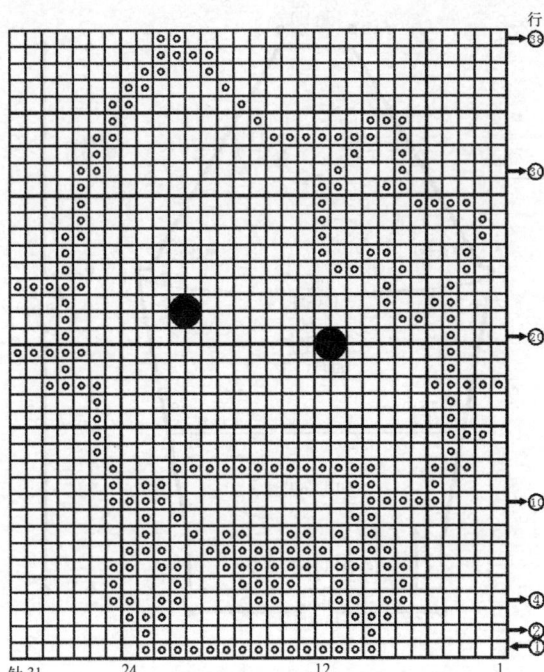

花样图案 B

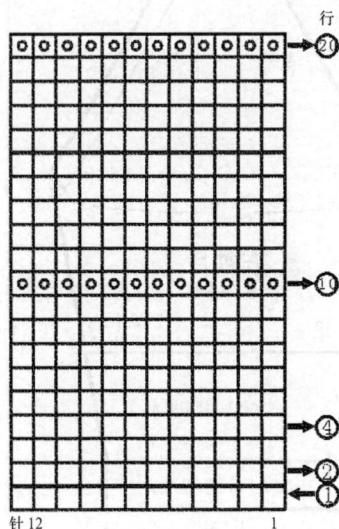

花样图案 A

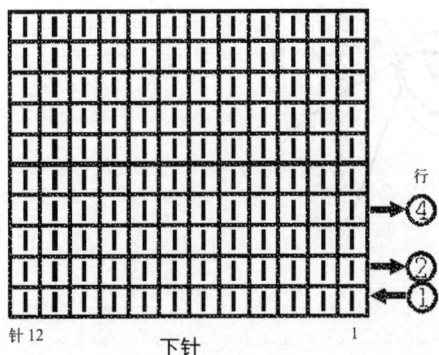

下针

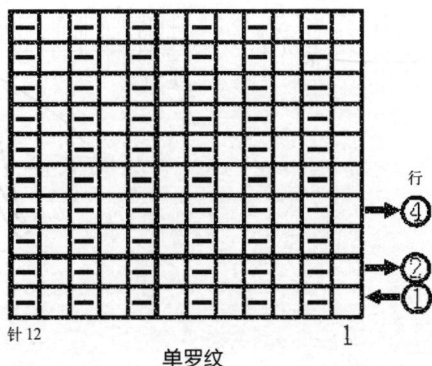

单罗纹

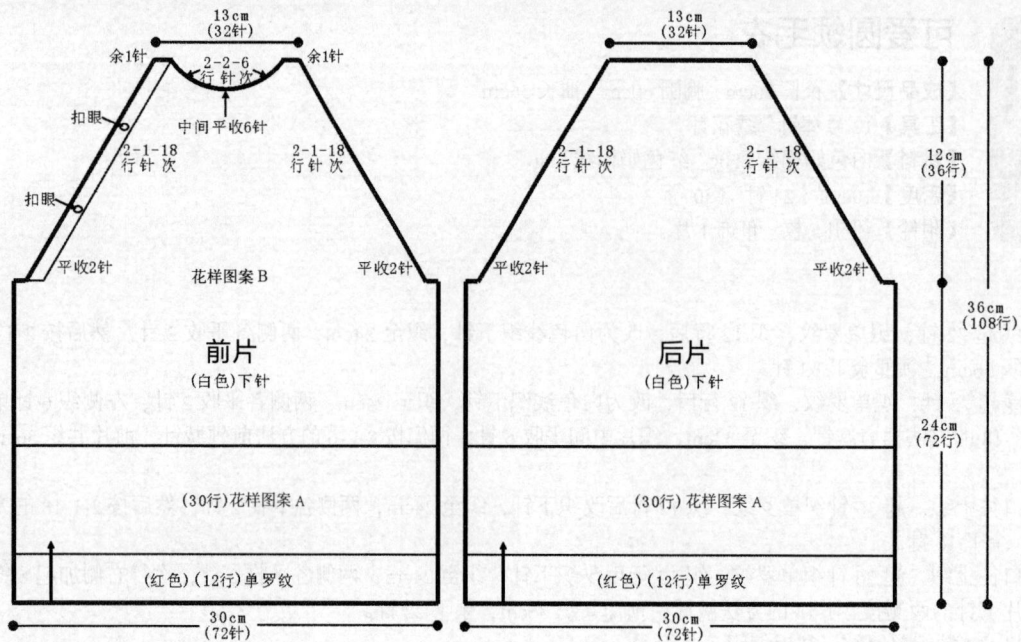

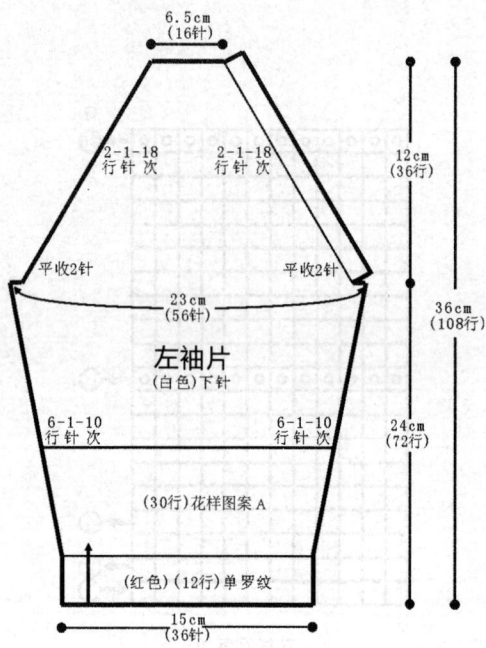

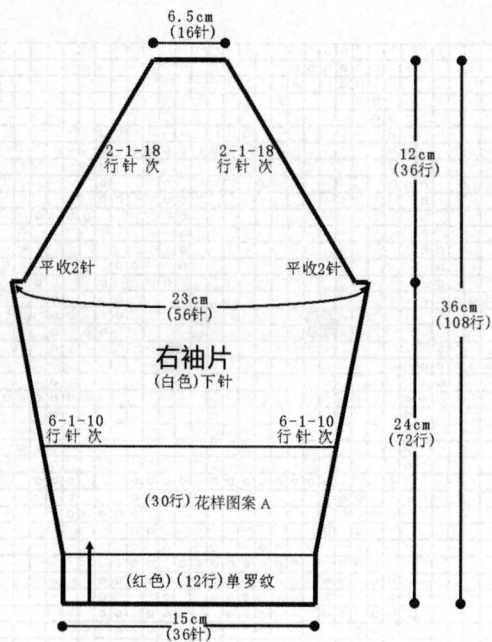

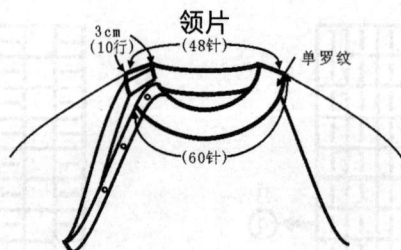

可爱桃心口袋开衫

【成品尺寸】 衣长 42cm　胸围 80cm　袖长 36cm

【工具】 10 号棒针　绣花针　钩针

【材料】 粉红色羊毛绒线 50g　白色羊毛绒线 100g

【密度】 10cm² : 20 针 ×28 行

【附件】 纽扣 6 枚

【制作过程】

1. 前片：分左、右两片，左前片先用白色线，按图起 40 针，织 5cm 单罗纹后，改用粉红色织全下针，织至 22cm 时左右两边开始按图收成袖窿，再织 9cm 开领窝至织完成，用同样方法对应织右前片。

2. 后片：先用白色线，按图起 80 针，织 5cm 单罗纹后，改织全下针，并编入花样图案，织至 22cm 时左右两边开始按图收成袖窿，再织 13cm 开领窝至完成。

3. 袖片：用白色线，按图起 44 针，织 5cm 单罗纹后，改用粉红色线织全下针，袖下按图加针，织至 22cm 时按图示均匀减针，收成袖山。

4. 编织结束后，将前后片侧缝、肩部、袖子缝合，门襟用白色线挑 60 针，织 4cm 单罗纹，右片均匀开扣孔。

5. 领圈用白色线挑 92 针，织 4cm 单罗纹，形成开襟圆领。

6. 装饰：按花样 A 和花样 B 图，用钩针钩织衣袋和装饰小花，与前片缝合，用绣花针缝上纽扣。

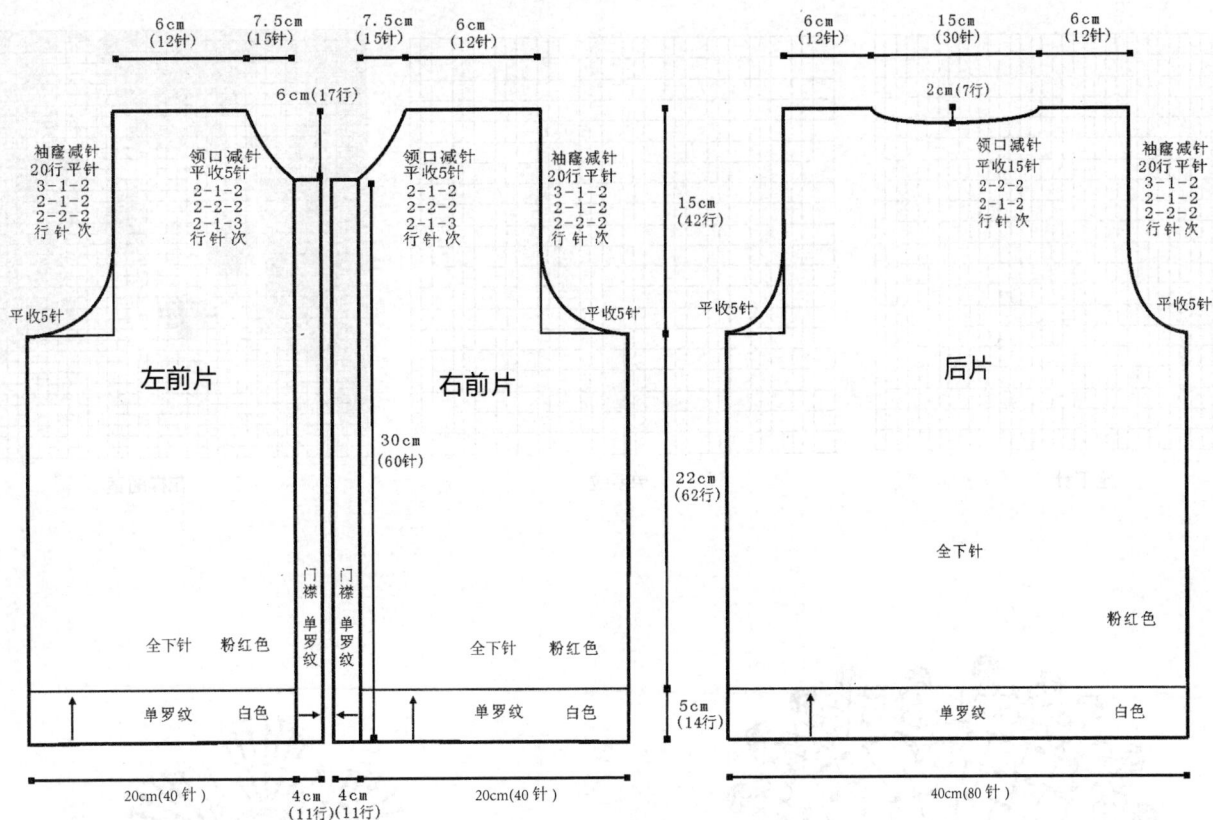

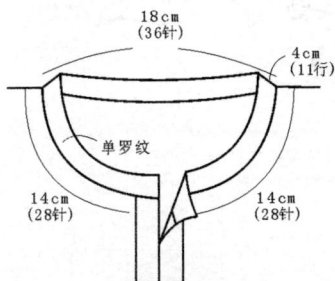

领子结构图

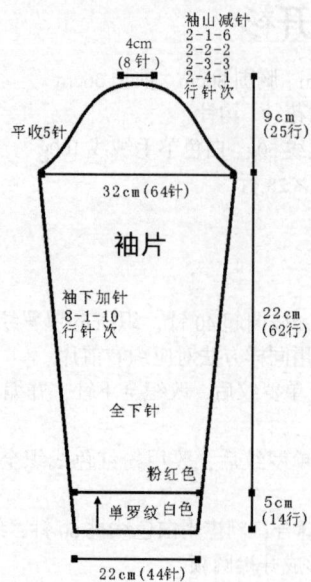

袖山减针
2-1-6
2-1-2
2-2-2
2-3-3
2-4-1
行 针 次

4cm
(8针)

9cm
(25行)

平收5针

32cm(64针)

袖片

袖下加针
8-1-10
行 针 次

22cm
(62行)

全下针

粉红色
单罗纹 白色

5cm
(14行)

22cm(44针)

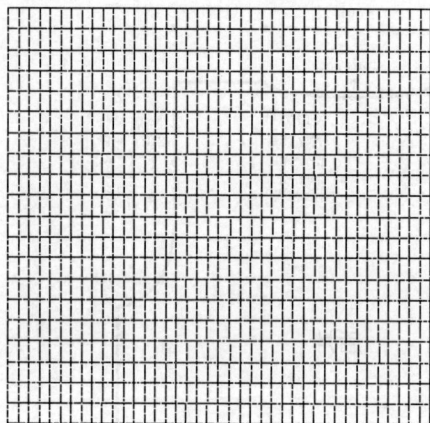

全下针

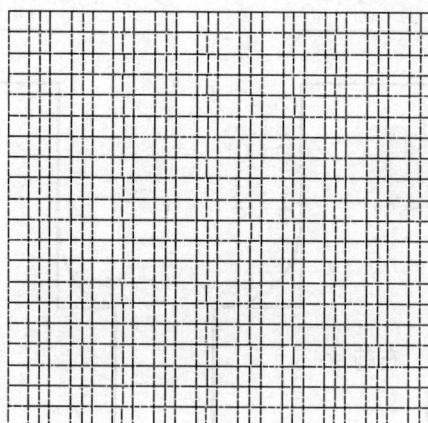

单罗纹

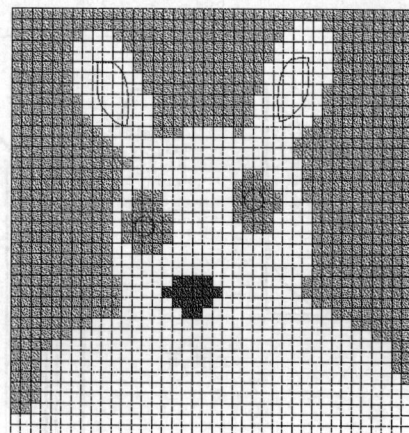

花样图案

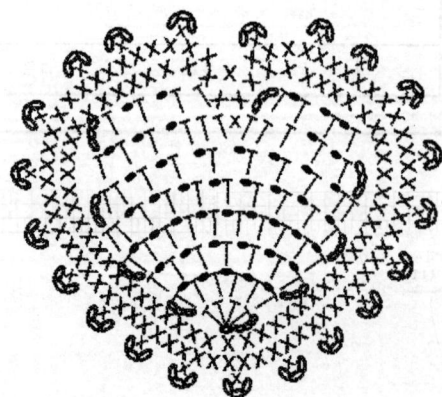

花样 A

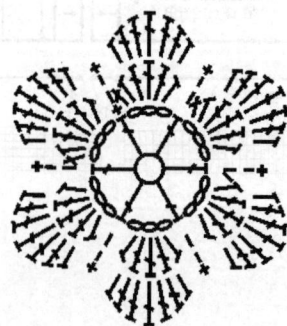

花样 B

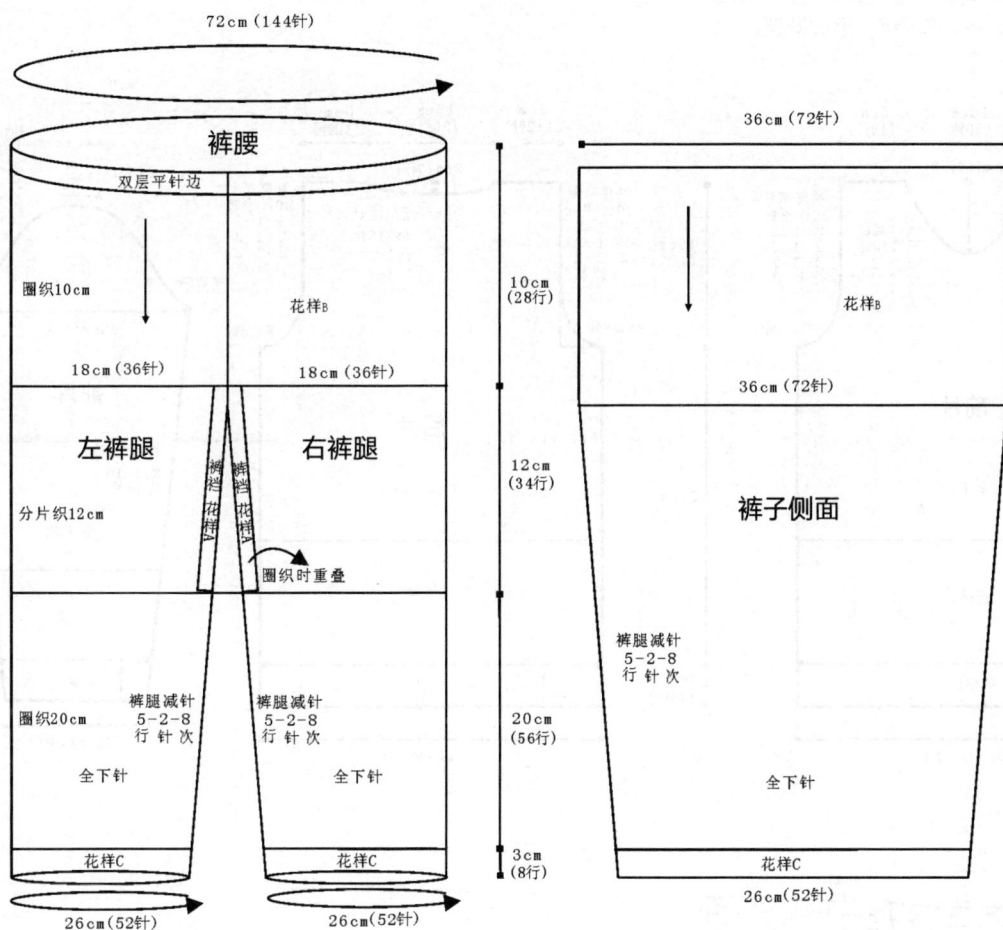

简约舒适开裆裤

【成品尺寸】裤长 45cm　腰围 72cm
【工具】10 号棒针
【材料】红色羊毛绒线 400g
【密度】10cm² : 20 针 ×28 行
【附件】宽紧带 1 根

【制作过程】

1. 从裤腰织起，用一般起针法起 144 针，先圈织双层平针底边（用于穿宽紧带），再改织花样 B，织至 8cm 时，开始分前裆，再织至 10cm 时，开始分后裆，然后分片编织，裤裆处织花样 A，并按图均匀减针，织至 12cm 时左裤腿和右裤腿分别合起来圈织（注意花样 A 处要重叠），织至 20cm 时织 3cm 花样 C 的裤脚口。

2. 穿上宽紧带。

72cm（144针）

裤腰

双层平针边

圈织10cm

花样B

18cm（36针）　　18cm（36针）

左裤腿　　　右裤腿

分片织12cm

裤裆花样A　裤裆花样A

圈织时重叠

圈织20cm

裤腿减针
5-2-8
行 针 次　　裤腿减针
5-2-8
行 针 次

全下针　　　全下针

花样C　　　花样C

26cm（52针）　　26cm（52针）

36cm（72针）

10cm
（28行）

花样B

36cm（72针）

12cm
（34行）

裤子侧面

裤腿减针
5-2-8
行 针 次

20cm
（56行）

全下针

3cm
（8行）

花样C

26cm（52针）

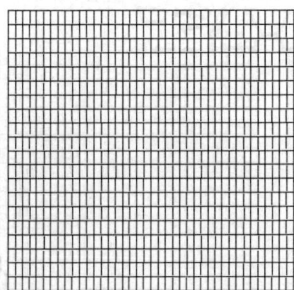

全下针

花样 B

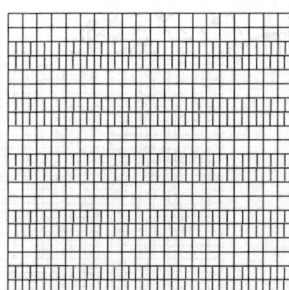

花样 A

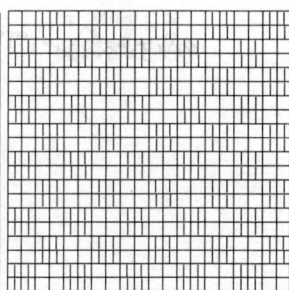

花样 C

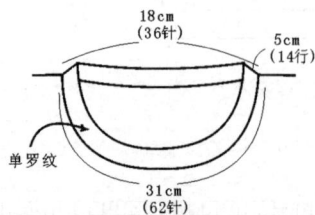

休闲圆领毛衣

【成品尺寸】衣长44cm 胸围80cm 袖长39cm
【工具】10号棒针 绣花针
【材料】灰色羊毛绒线400g
【密度】10cm² : 20针 ×28行

【制作过程】

1. 前片：按图用机器边起针法起80针，织5cm单罗纹后，改织花样，织至适合长度改织全下针，织至24cm时左右两边开始按图收成袖窿，再织9cm开领窝至织完成。

2. 后片：织法与前片一样，只是须按图开领窝。

3. 袖片：按图用机器边起针法起44针，织5cm单罗纹后，改织花样，织至适合长度改织全下针，袖下按图加针，织至25cm时按图示均匀减针，收成袖山。

4. 编织结束后，将前后片侧缝、肩部、袖子缝合。

5. 领圈挑98针，织5cm单罗纹，形成圆领。

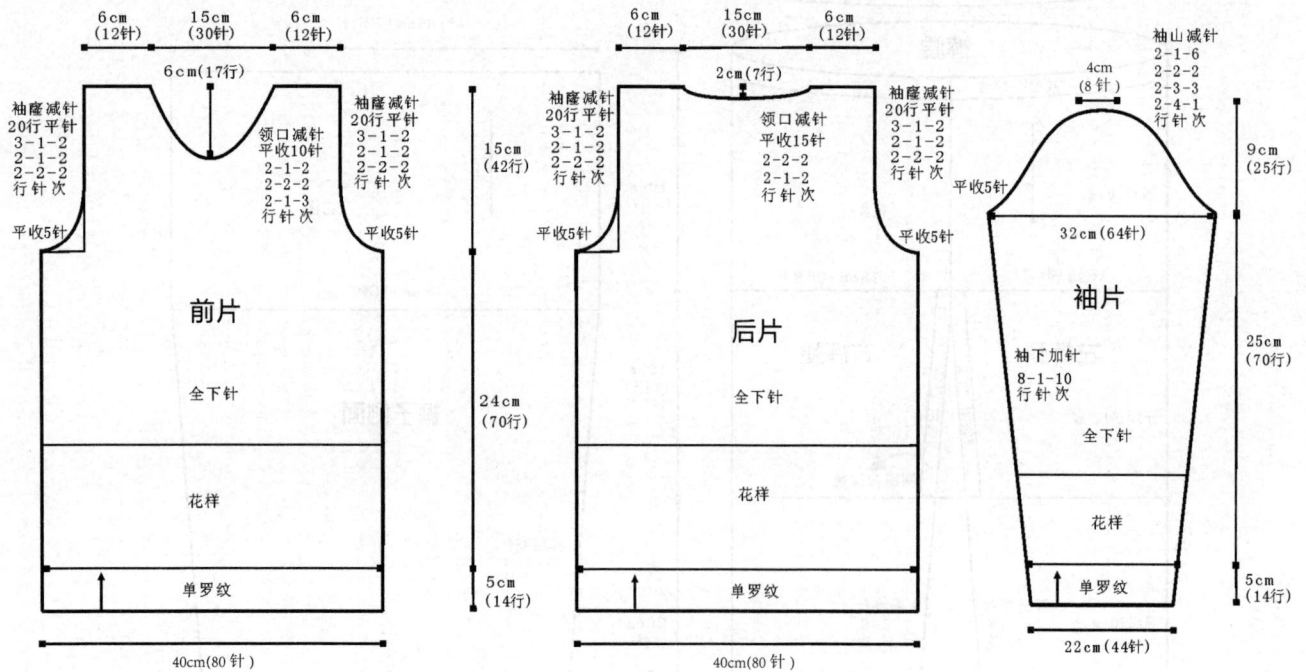

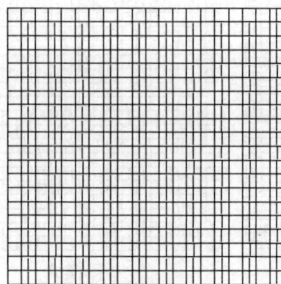

领子结构图

单罗纹   全下针   花样

成熟气质外套

【成品尺寸】 衣长 45cm　胸围 72cm　袖长 45cm

【工具】 10 号棒针　绣花针

【材料】 米色羊毛绒线 300g

【密度】 10cm² : 25 针 × 36 行

【附件】 纽扣 5 枚

【制作过程】

1. 前片：分左、右两片，左前片用一般起针法起 46 针，门襟留 8 针织单罗纹，织 3cm 单罗纹后，改织全下针，织至 27cm 时，左右两边开始收成插肩袖窿，并同时开领窝，按图减针至织完成。8 针单罗纹织至后领窝，作为领边。用同样方法编织右前片。

2. 后片：用一般起针法起 90 针，先织 3cm 单罗纹后，改织全下针，织至 27cm 时，左右两边开始收成插肩袖窿，并按图开领窝，织至完成。

3. 袖片：用一般起针法起 44 针，先织 3cm 单罗纹后，改织全下针，袖下加针，织至 27cm 时，按图收成插肩袖山。

4. 编织结束后，将前后片侧缝、袖片缝合。

5. 装饰：用绣花针缝上纽扣，口袋另织好，与前后片缝合。

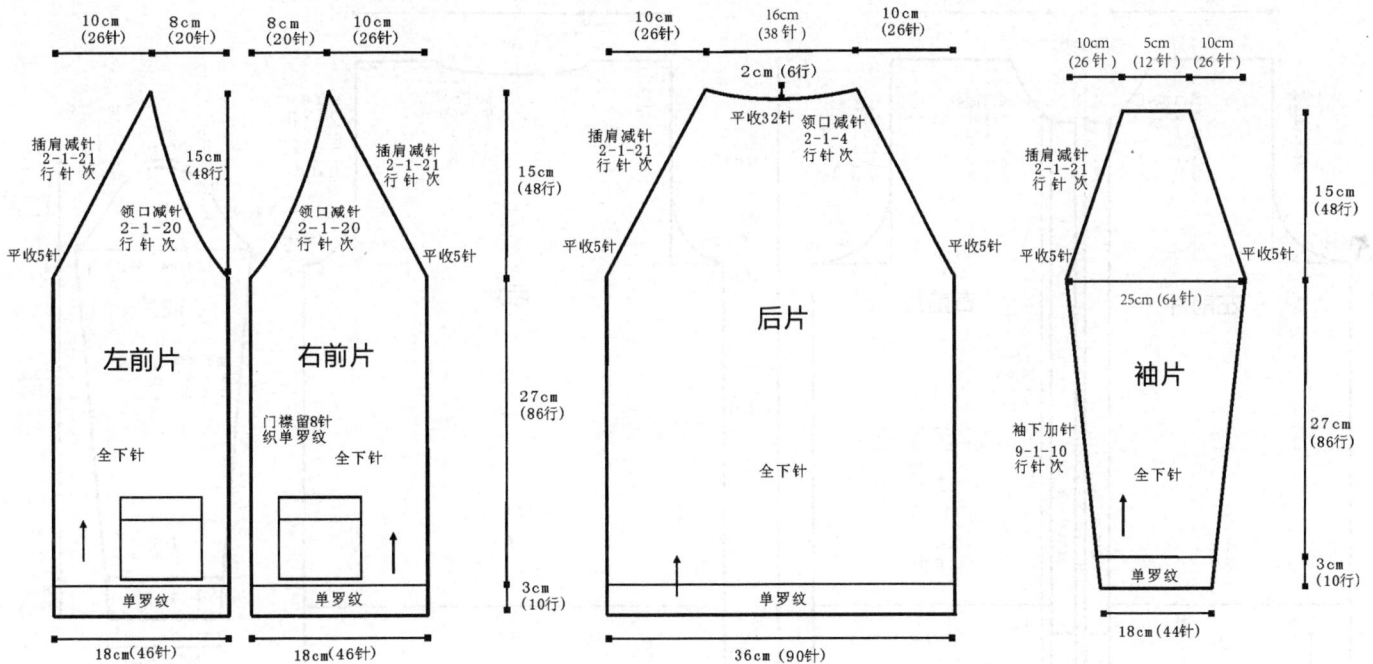

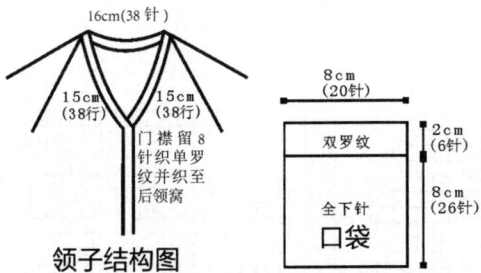

领子结构图

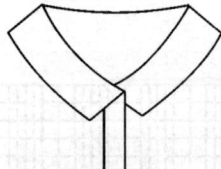

翻领蓝色外套

【成品尺寸】衣长 48cm 胸围 80cm 袖长 42cm

【工具】10 号棒针 绣花针 钩针

【材料】湖蓝色羊毛绒线 400g

【密度】10cm²：20 针 ×28 行

【附件】纽扣 5 枚

【制作过程】

1. 前片：分左右两片，左前片按图起 40 针，织 8cm 双罗纹后，改织花样，织至 25cm 时左右两边开始按图收成袖窿，再织 9cm 开领窝至织完成，用同样方法对应织右前片。

2. 后片：按图起 80 针，织 8cm 双罗纹后，改织花样，织至 25cm 时左右两边开始按图收成袖窿，再织 13cm 开领窝至完成。

3. 袖片：按图起 48 针，织 8cm 双罗纹后，改织花样，袖下按图加针，织至 25cm 时按图示均匀减针，收成袖山。

4. 编织结束后，将前后片侧缝、肩部、袖片缝合，门襟挑 84 针，织 4cm 双罗纹。

5. 领圈挑 135 针，织 10cm 双罗纹，形成翻领，领边用钩针钩织花边。

6. 缝上纽扣。

6cm (12针) 7.5cm (15针) 7.5cm (15针) 6cm (12针)

6cm (17行)

袖窿减针
20行平针
3-1-2
2-1-2
2-2-2
2-1-3
行 针 次

领口减针
平收5针
2-1-2
2-2-2
2-1-3
行 针 次

领口减针
平收5针
2-1-2
2-2-2
2-1-3
行 针 次

袖窿减针
20行平针
3-1-2
2-1-2
2-2-2
行 针 次

平收5针

平收5针

左前片 **右前片**

42cm (84针)

门襟 双罗纹 门襟 双罗纹

花样 花样

花样

双罗纹 双罗纹

20cm (40针) 4cm (11行) 4cm (11行) 20cm (40针)

6cm (12针) 15cm (30针) 6cm (12针)

2cm (7行)

15cm (42行)

领口减针
平收15针
3-1-2
2-1-2
行 针 次

袖窿减针
20行平针
3-1-2
2-1-2
2-2-2
行 针 次

平收5针

平收5针

后片

25cm (70行)

花样

双罗纹

8cm (22行)

40cm (80针)

4cm (8针)

袖山减针
2-1-6
2-2-3
2-3-3
2-4-1
行 针 次

9cm (25行)

32cm (64针)

袖片

袖下加针
8-1-8
行 针 次

25cm (70行)

花样

双罗纹

8cm (22行)

24cm (48针)

领边用钩针钩织花边

领子结构图

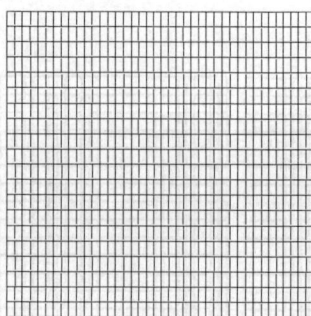 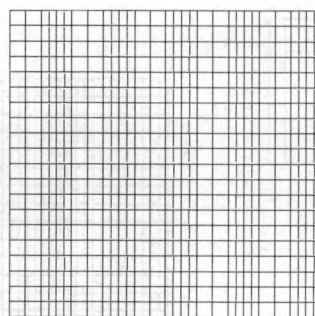 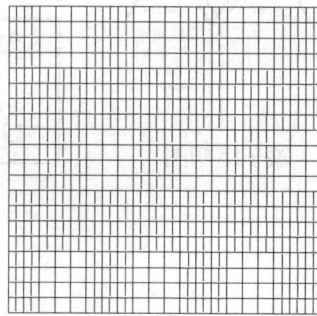

全下针 双罗纹 花样

时尚短袖开衫

【成品尺寸】衣长 48cm　胸围 80cm　袖长 19cm
【工具】10 号棒针　绣花针
【材料】米白色羊毛绒线 300g
【密度】10cm² : 20 针 ×28 行
【附件】钩织小花纽扣 1 枚

【制作过程】
1. 前片：分左、右两片，左前片用一般起针法起 40 针，织 3cm 花样 A 后，改织花样 B，织至 30cm 时，左右两边开始收针，收成插肩袖窿，再织 7cm 开领窝，至织完成，用同样方法编织右前片。
2. 后片：用一般起针法起 80 针，织 3cm 花样 A 后，改织花样 B，织至 30cm 时，左右两边开始收成插肩袖窿，并按图开领窝，织至完成。
3. 袖片：用一般起针法起 64 针，织 3cm 花样 A 后，改织花样 B，同时按图收成插肩袖山。
4. 编织结束后，将前后片侧缝、袖片缝合。
5. 领圈挑 74 针，织 3cm 花样 A，形成开襟圆领。
6. 装饰：用绣花针缝上钩织小花纽扣，用于装饰。

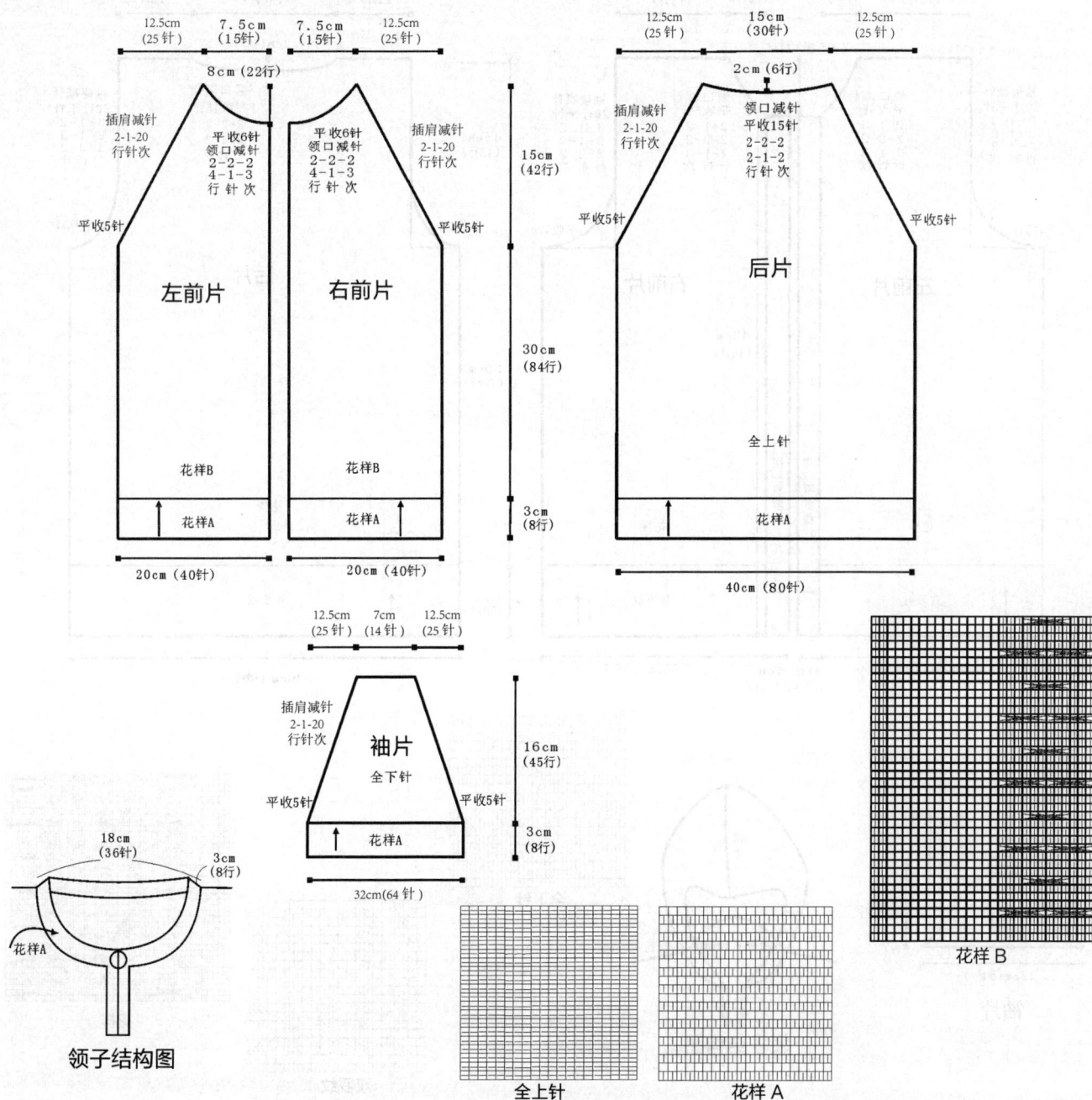

12.5cm (25针)　7.5cm (15针)　7.5cm (15针)　12.5cm (25针)

8cm (22行)

插肩减针 2-1-20 行针次

平收6针 领口减针 2-2-2 4-1-3 行针次

平收6针 领口减针 2-2-2 4-1-3 行针次

插肩减针 2-1-20 行针次

平收5针

平收5针

左前片

右前片

花样B

花样B

花样A

花样A

20cm (40针)

20cm (40针)

12.5cm (25针)　15cm (30针)　12.5cm (25针)

2cm (6行)

插肩减针 2-1-20 行针次

领口减针 平收15针 2-2-2 2-1-2 行针次

平收5针

平收5针

后片

全上针

花样A

40cm (80针)

15cm (42行)

30cm (84行)

3cm (8行)

12.5cm (25针)　7cm (14针)　12.5cm (25针)

插肩减针 2-1-20 行针次

袖片

全下针

平收5针

平收5针

花样A

32cm(64 针)

16cm (45行)

3cm (8行)

18cm (36针)　3cm (8行)

花样A

领子结构图

全上针

花样 A

花样 B

可爱短袖连帽外套

【成品尺寸】衣长 48cm　胸围 80cm　袖长 9cm
【工具】10 号棒针　绣花针
【材料】红色羊毛绒线 300g
【密度】10cm² : 20 针 ×28 行
【附件】纽扣 7 枚

【制作过程】

1. 前片：分左、右两片，左前片按图起 40 针，织 8cm 双罗纹后，改织花样，织至 25cm 时左右两边开始按图收成袖窿，再织 9cm 开领窝至织完成。用同样方法对应织右前片。

2. 后片：按图起 80 针，织 8cm 双罗纹后，改织花样，织至 25cm 时左右两边开始按图收成袖窿，再织 13cm 开领窝至完成。

3. 袖片：按图起 64 针，织花样，同时按图示均匀减针，收成袖山。

4. 编织结束后，将前后片侧缝、肩部、袖片缝合，门襟挑 84 针，织 4cm 双罗纹。

5. 领圈挑 135 针，织 18cm 花样，将边缘缝合，形成帽子。

6. 装饰：用绣花针缝上纽扣。

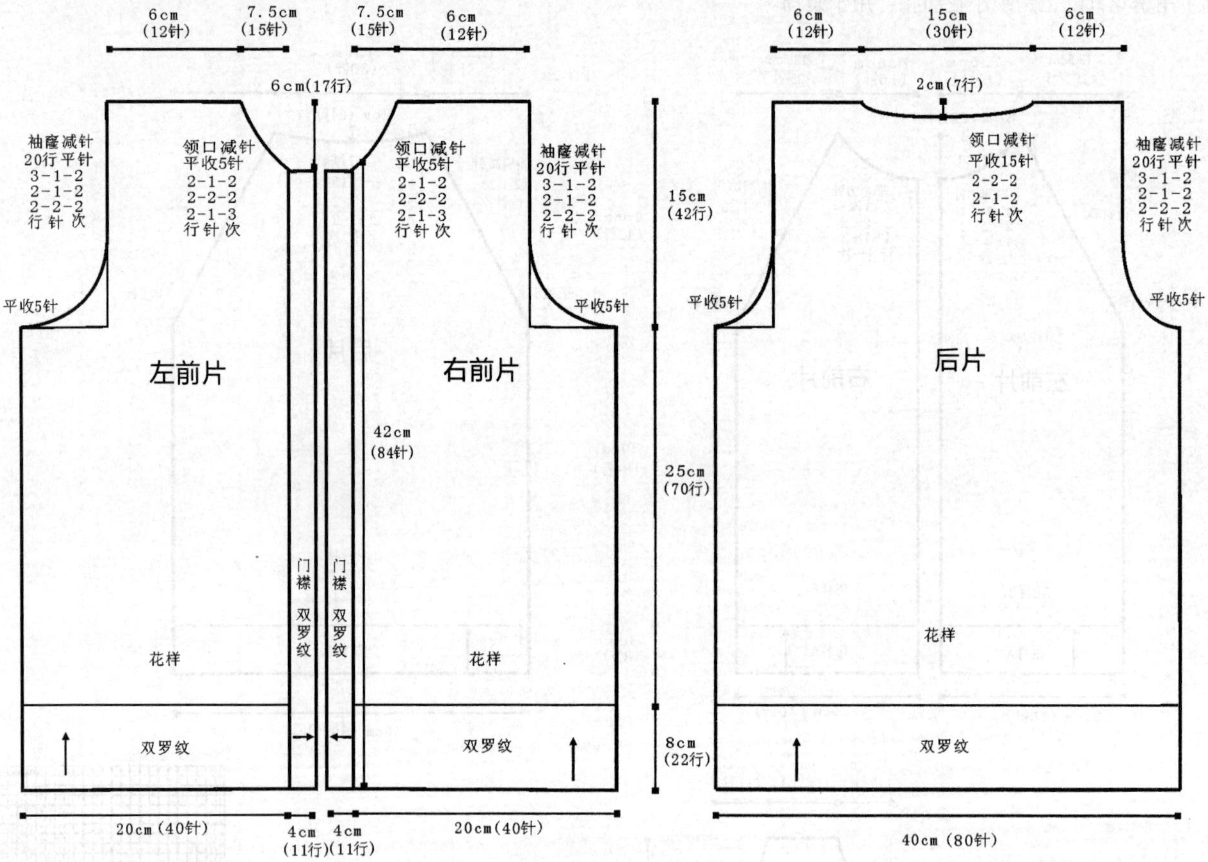

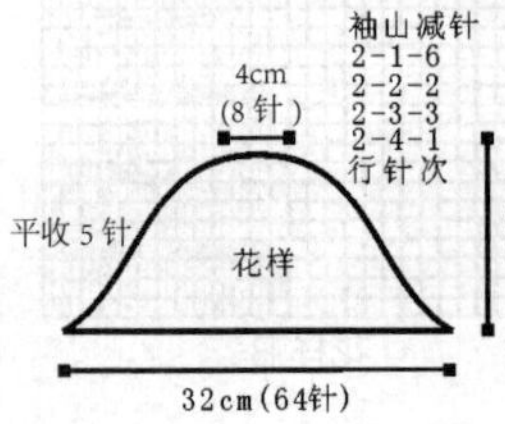

左前片

右前片

后片

袖片

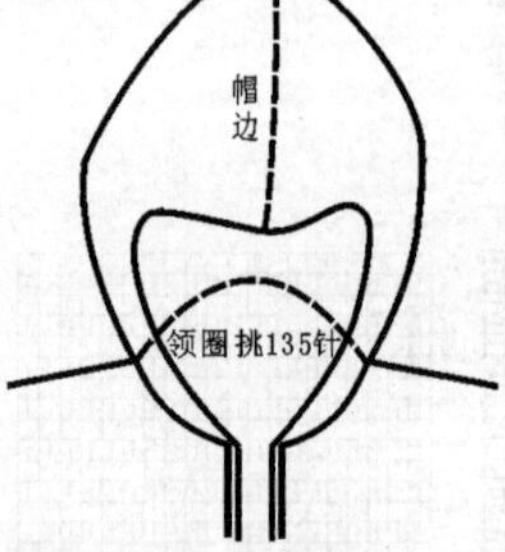

领子结构图

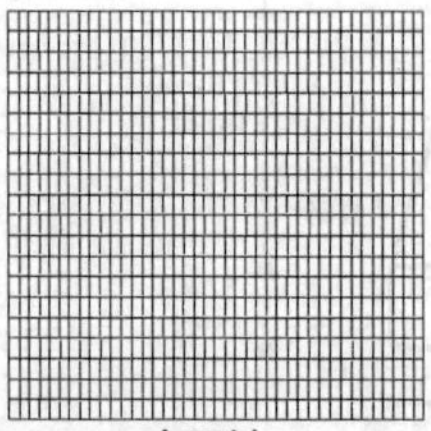

全下针

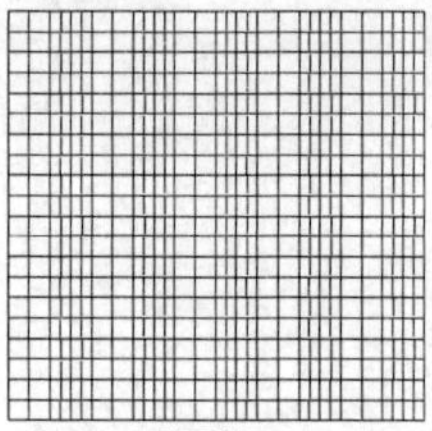

双罗纹

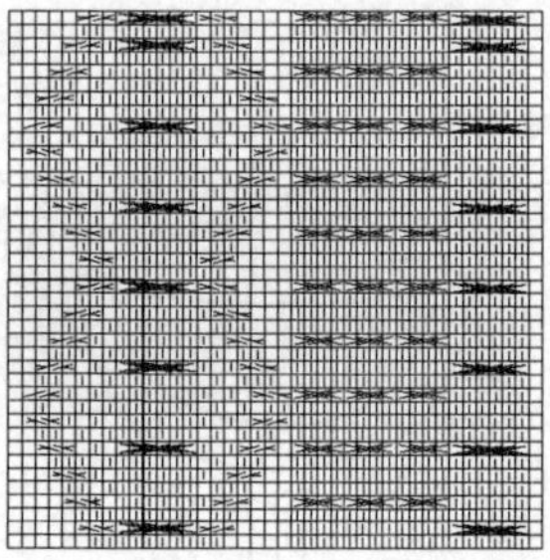

花样

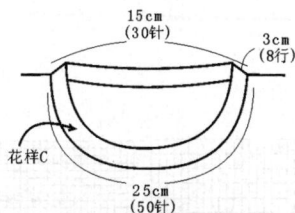

系带圆领公主裙

【成品尺寸】衣长 45cm　胸围 80cm
【工具】10 号棒针　钩针　锈花针
【材料】黄色羊毛绒线 250g　白色羊毛绒少许
【密度】10cm² : 20 针 ×28 行
【附件】自编的绳子 1 根

【制作过程】

1. 前片：用黄色羊毛绒线，按图起 80 针，先织 8cm 花样 B 后，改织全下针，织至 14cm 时，再改织花样 A，再织 8cm 时，左右两边开始按图收成袖窿，并同时改织全下针，再织 9cm 开领窝至织完成。

2. 后片：先分两片编织，一片起 60 针，另一片起 20 针，同时织 8cm 花样 B 后，连在一起改织全下针，织至 14cm 时再改织花样 A，再织 8cm 时，左右两边开始收成袖窿，并同时改织全下针，再织 13cm 开领窝至织完成。

3. 编织结束后，将前后片侧缝、肩部缝合。

4. 领圈用白色线挑 80 针，织 5cm 花样 C，形成圆领。两袖口和后片下摆分两片编织，用钩针钩织花样 D。

5. 装饰：穿上自编的绳子。

前片

6cm (12针)　15cm (30针)　6cm (12针)

6cm(17行)

袖窿减针
20行平针
3-1-2
2-1-2
2-2-2
行针次

领口减针
平收10针
3-1-2
2-1-2
2-2-2
2-1-3
行 针 次

袖窿减针
20行平针
3-1-2
2-1-2
2-2-2
行 针 次

平收5针　　平收5针

花样A

前片

全下针

花样B

40cm（80针）

后片

6cm (12针)　15cm (30针)　6cm (12针)

2cm (7行)

袖窿减针
20行平针
3-1-2
2-1-2
2-2-2
行针次

领口减针
平收15针
2-2-2
2-1-2
行 针 次

袖窿减针
20行平针
3-1-2
2-1-2
2-2-2
行 针 次

平收5针　　平收5针

花样A

后片

全下针

分2片编织

花样B

30cm(60针)　10cm(20针)

15cm (42行)

8cm (22行)

14cm (39行)

8cm (22行)

领子结构图

15cm (30针)

3cm (8行)

花样C

25cm (50针)

花样 D

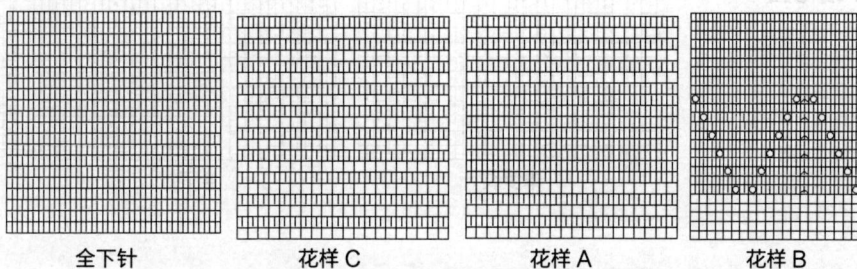

全下针　　花样 C　　花样 A　　花样 B

甜美卡通图案毛衣

【成品尺寸】衣长 42cm　胸围 74cm　袖长 36cm

【工具】10 号棒针　绣花针

【材料】橙色羊毛绒线 300g　白色、黄色、灰色、红色、黑色等线少许

【密度】10cm² : 20 针 × 28 行

【制作过程】

1. 前片:用橙色毛线,按图用机器边起针法起 90 针,织 3cm 单罗纹后,改织全下针,并用白色、黄色等线编入花样图案,织至 24cm 时,每织 4 针减 1 针,左右两边开始按图收成袖窿,再织 9cm 开领窝织至完成。

2. 后片:织法与前片一样,只是须按图开领窝。

3. 袖片:按图用机器边起针法起 44 针,织 5cm 单罗纹后,改织全下针,袖下按图加针,织至 22cm 按图示均匀减针,收成袖山。

4. 编织结束后,将前后片侧缝、肩部、袖片缝合。

5. 领圈挑 98 针,织 5cm 单罗纹,形成圆领。

6. 装饰:用绣花针缝上图案周边的字母图案。

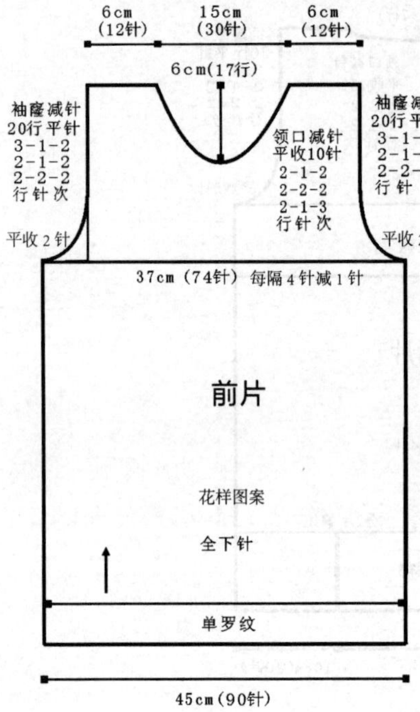

前片

- 6cm (12针)　15cm (30针)　6cm (12针)
- 6cm (17行)
- 袖窿减针 20行平针 3-1-2 2-1-2 2-2-2 行针次
- 平收 2 针
- 领口减针 平收10针 2-1-2 2-2-2 2-1-3 行针次
- 平收 2 针
- 15cm (42行)
- 37cm (74针) 每隔 4 针减 1 针
- 24cm (67行)
- 花样图案
- 全下针
- 单罗纹
- 3cm (8行)
- 45cm (90针)

后片

- 6cm (12针)　15cm (30针)　6cm (12针)
- 2cm (7行)
- 袖窿减针 20行平针 3-1-2 2-1-2 2-2-2 行针次
- 平收 2 针
- 领口减针 平收15针 2-2-2 2-1-2 行针次
- 平收 2 针
- 37cm (74针) 每隔 4 针减 1 针
- 花样图案
- 全下针
- 单罗纹
- 45cm (90针)

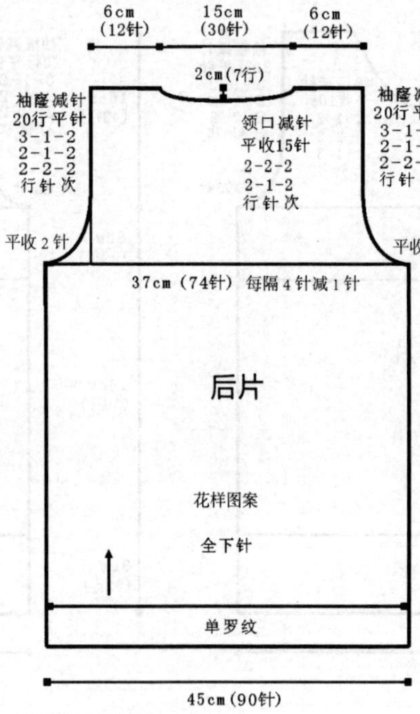

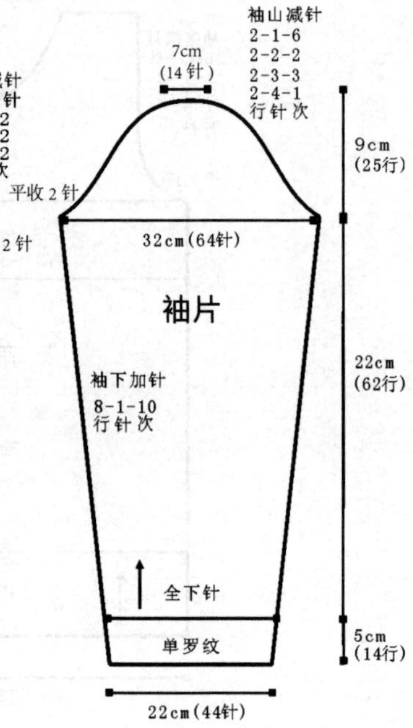

袖片

- 袖山减针 2-1-6 2-2-2 2-3-3 2-4-1 行针次
- 7cm (14针)
- 9cm (25行)
- 32cm (64针)
- 袖下加针 8-1-10 行针次
- 22cm (62行)
- 全下针
- 单罗纹
- 5cm (14行)
- 22cm (44针)

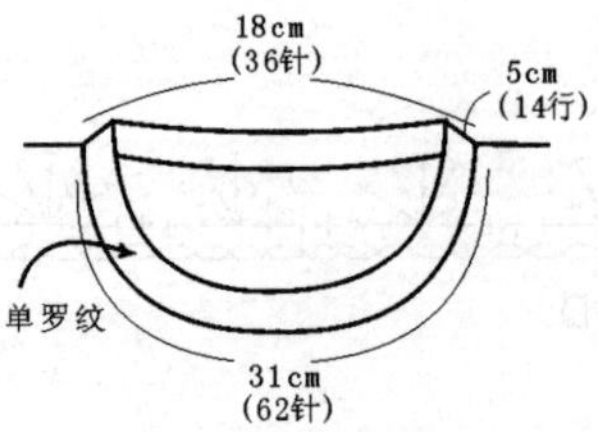

领子结构图

- 18cm (36针)
- 5cm (14行)
- 单罗纹
- 31cm (62针)

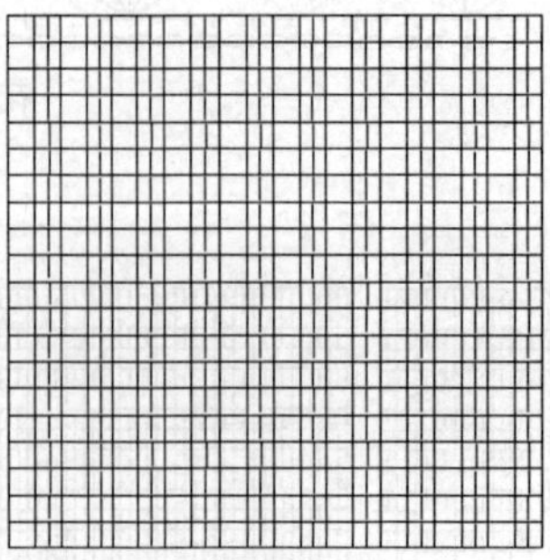

单罗纹 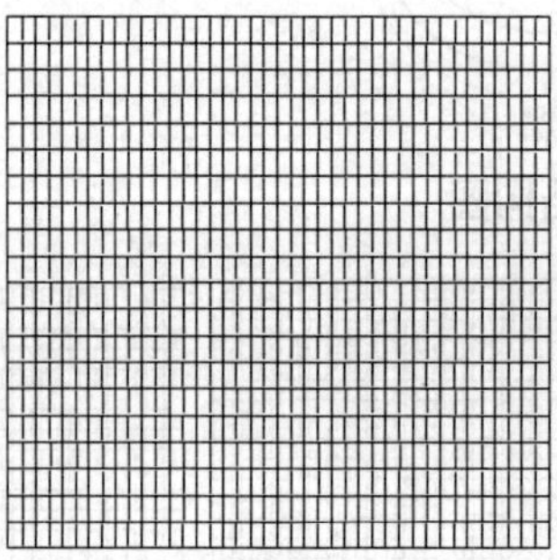　　全下针 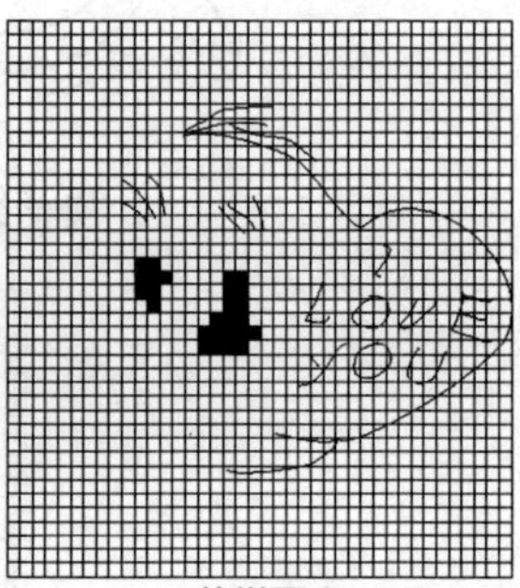　　花样图案

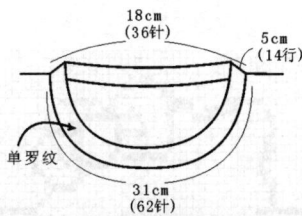

文雅套头毛衣

【成品尺寸】衣长 42cm　胸围 80cm　袖长 36cm
【工具】10 号棒针　绣花针
【材料】灰色羊毛绒线 300g　白色线少许
【密度】10cm²：20 针 ×28 行
【附件】图案纽扣 2 枚　饰物 1 个

【制作过程】
1. 前片：用灰色羊毛绒线按图用机器边起针法起 80 针，织 5cm 单罗纹后，改织全下针，并用白色线编入花样图案，织至 22cm 时左右两边开始按图收成袖窿，再织 9cm 开领窝至织完成。
2. 后片：织法与前片一样，只是需按图开领窝。
3. 袖片：按图用机器边起针法起 44 针，织 5cm 单罗纹后，改织全下针，袖下按图加针，织至 22cm 按图示均匀减针，收成袖山。
4. 编织结束后，将前后片侧缝、肩部、袖片缝合。
5. 领圈挑 98 针，织 3cm 单罗纹，形成圆领。
6. 装饰：用绣花针缝上图案纽扣和饰物。

前片

6cm(12针)　15cm(30针)　6cm(12针)
6cm(17行)

袖窿减针
20行平针
3-1-2
2-1-2
2-2-2
行针次

领口减针
平收10针
2-1-2
2-2-2
2-2-2
2-1-3
行针次

平收5针

全下针

单罗纹

40cm(80针)

后片

6cm(12针)　15cm(30针)　6cm(12针)
2cm(7行)

袖窿减针
20行平针
3-1-2
2-1-2
2-2-2
行针次

领口减针
平收15针
2-2-2
2-1-2
行针次

平收5针

15cm(42行)

22cm(62行)

全下针

5cm(14行)

单罗纹

40cm(80针)

袖片

袖山减针
2-1-6
2-2-2
2-3-3
2-4-1
行针次

4cm(8针)

9cm(25行)

平收5针

32cm(64针)

袖下加针
8-1-10
行针次

全下针

22cm(62行)

单罗纹

5cm(14行)

22cm(44针)

领子结构图

18cm(36针)
5cm(14行)

单罗纹

31cm(62行)

单罗纹

全下针

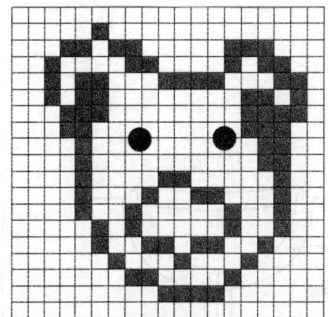

花样图案

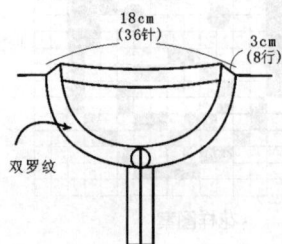

可爱 HELLO KITTY 开衫

【成品尺寸】 衣长 42cm 胸围 80cm 袖长 16cm

【工具】 10 号棒针 绣花针

【材料】 红色羊毛绒线 250g 白色羊毛绒线 100g 蓝色、黑色羊毛绒线少许

【密度】 10cm² : 20 针 ×28 行

【附件】 毛毛球 1 个

【制作过程】

1. 前片：分左、右两片，左前片用一般起针法起 24 针，织全下针，并用白色线编入花样图案 A，下摆按图加针至 40 针，继续编织至 22cm 时，左右两边开始收针，收成插肩袖窿，再织 7cm 开领窝，至织完成。用同样方法编织右前片。

2. 后片：用一般起针法起 80 针，织全下针，并用白色、蓝色、黑色线编入花样图案 B，织至 27cm 时，左右两边开始收成插肩袖窿，并按图开领窝，至织完成。

3. 袖片：用一般起针法起 64 针，织 3cm 双罗纹后，改织全下针，并编入花样图案 A，同时按图收成插肩袖山。

4. 编织结束后，将前后片侧缝、袖片缝合。

5. 领圈挑 74 针，织 3cm 双罗纹，门襟至后片下摆挑适合针数，织 3cm 双罗纹，形成开襟圆领。

6. 缝上毛毛球。

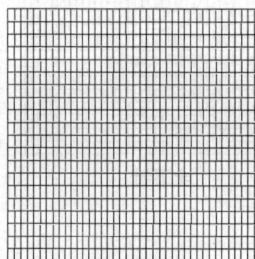

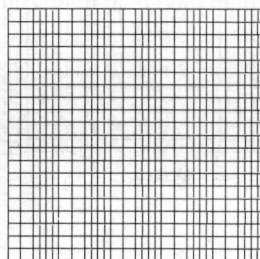

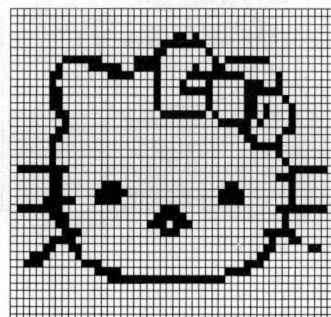

花样图案 A

领子结构图

全下针

双罗纹

花样图案 B

温馨舒适套头毛衣

【成品尺寸】衣长 32.5cm　胸围 60cm　袖长 33.5cm
【工具】9 号棒针
【材料】紫红色毛线 200g　灰色毛线 100g　白色、绿色松针线少许
【密度】10cm²：26 针 ×35 行
【附件】小铃铛 1 个

【制作过程】
1. 先织后片，用灰色毛线起 80 针，第一行先织 64 针，采用织往返针的织法，每 2 行加 2 针，织搓板针 12 行，直至 80 针织完，换紫红色毛线，织下针 15cm 到腋下，开始织斜肩减针，减针方法如图，收至最后 26 针，用线穿上，待用。
2. 前片：用灰色毛线起 80 针，第一行先织 64 针，采用往返针的织法，每 2 行加 2 针，织搓板针 12 行，直至 80 针全部织完。接着换紫红色毛线织下针，并在适合的位置用白色、绿色松针线编织花样图案 A，织 15cm 到腋下，开始斜肩减针，减针方法如图，织至距离衣片完成 5cm 处开领口，领口减针如图示，织至前衣片完成。
3. 袖片：用紫红色毛线起 52 针，织搓板针 12 行，换灰色毛线织下针，织 16cm 到腋下，这时已经加针到 66 针，加针放法如图，然后织斜肩，斜肩减针按图均匀减针，收至最后 16 针，用别线穿上，待用。
4. 前片、后片和袖子缝合后挑织领子。
5. 在前片相应的位置用灰色线绣上花样图案 B，缝上小狗的尾巴和小铃铛，完工。

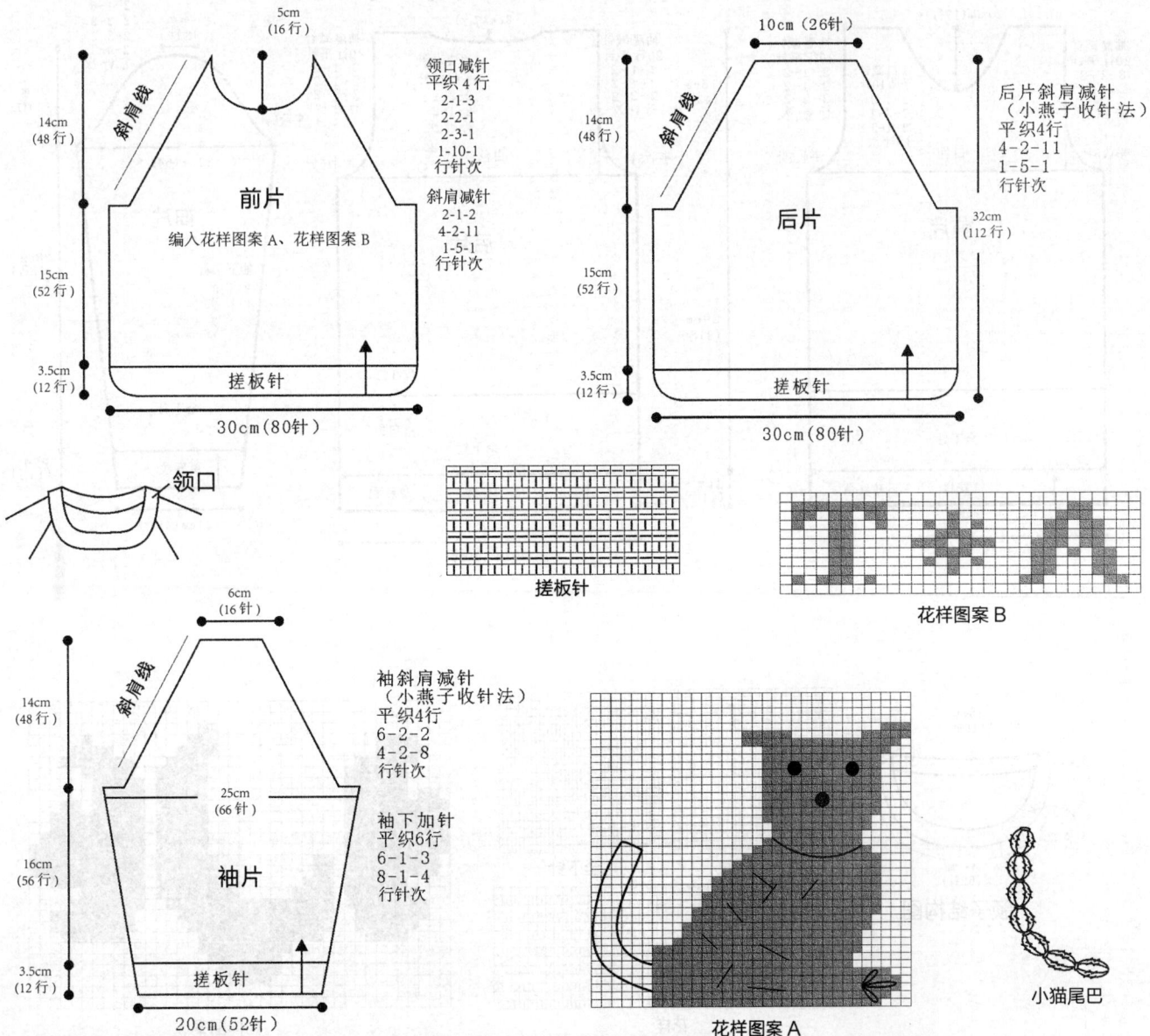

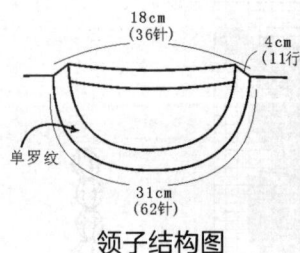

宽松褶摆毛衣

【成品尺寸】衣长 48cm　胸围 80cm　袖长 42cm

【工具】10 号棒针　绣花针

【材料】玫红色、白色羊毛绒线各 200g　绿色线少许

【密度】10cm² ：20 针 ×28 行

【附件】装饰公仔 1 个

【制作过程】

1. 前片：按图用玫红色线起 80 针，织 4cm 花样后，改用白色线织全下针，织至 10cm 时，改用玫红色线继续编织，织至 29cm 时左右两边开始按图收成袖窿，并改用白色线，再织 9cm 开领窝至织完成。

2. 后片：织法与前片一样，只是须按图开领窝。

3. 袖片：按图用玫红色线起 48 针，织 5cm 单罗纹后，改织全下针，袖下按图加针，织至 28cm 按图示均匀减针，收成袖山。

4. 编织结束后，将前后片侧缝、肩部、袖片缝合。

5. 领圈用玫红色线挑 98 针，织 4cm 单罗纹，形成圆领。

6. 用绣花针按十字绣的绣法用绿色、玫红色线绣上花样图案，并缝上装饰公仔。

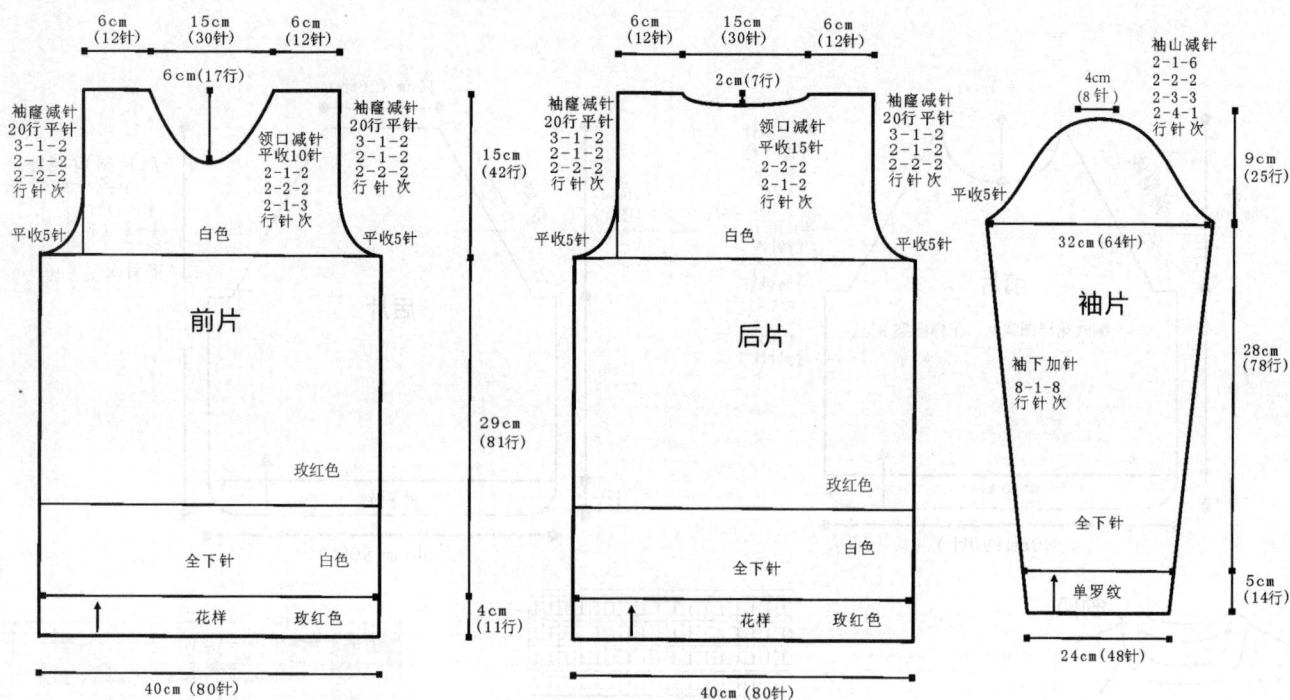

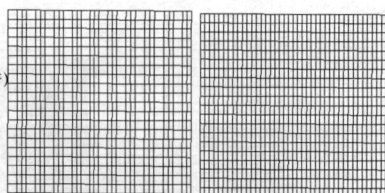

单罗纹　　全下针

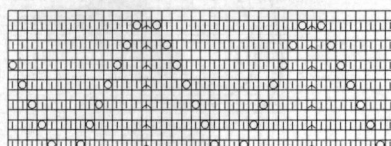

花样

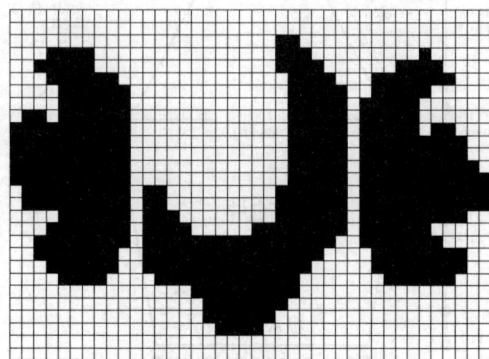

花样图案

领子结构图

简约白色套头毛衣

【成品尺寸】衣长 48cm　胸围 80cm　袖长 42cm

【工具】10 号棒针　绣花针

【材料】白色羊毛绒线 300g

【密度】10cm² : 20 针 ×28 行

【制作过程】

1. 前片：按图用机器边起针法起 80 针，织 10cm 单罗纹后，改织花样，织至 23cm 时左右两边开始按图收成袖窿，再织 9cm 开领窝至织完成。

2. 后片：织法与前片一样，只是须按图开领窝。

3. 袖片：按图用机器边起针法起 48 针，织 10cm 单罗纹后，改织花样，袖下按图加针，织至 23cm 按图示均匀减针，收成袖山。

4. 编织结束后，将前后片侧缝、肩部、袖片缝合。

5. 领圈挑 98 针，织 4cm 单罗纹，形成圆领。

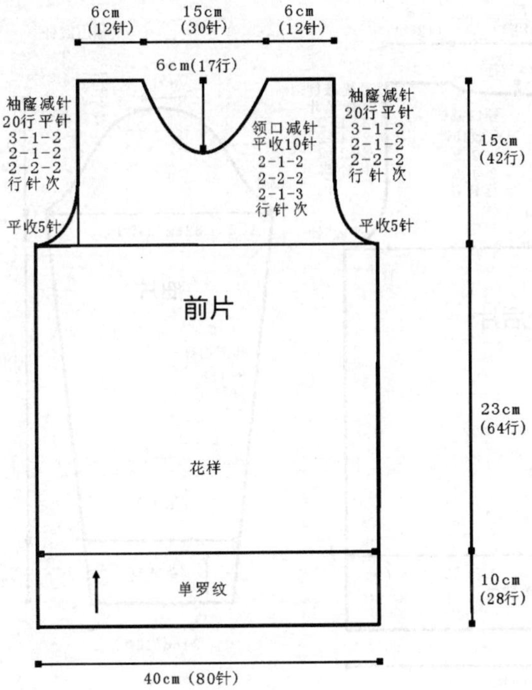

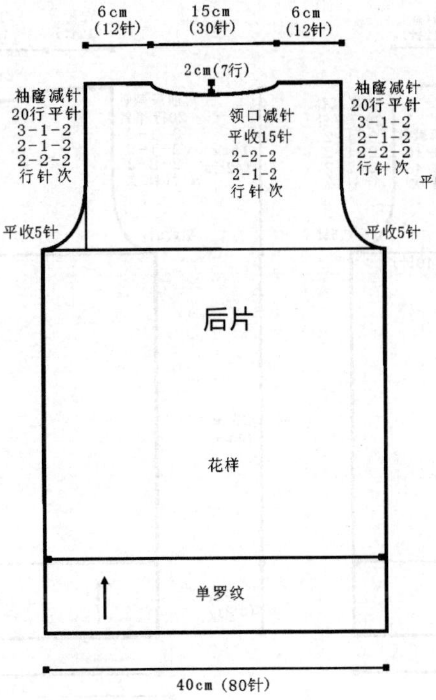

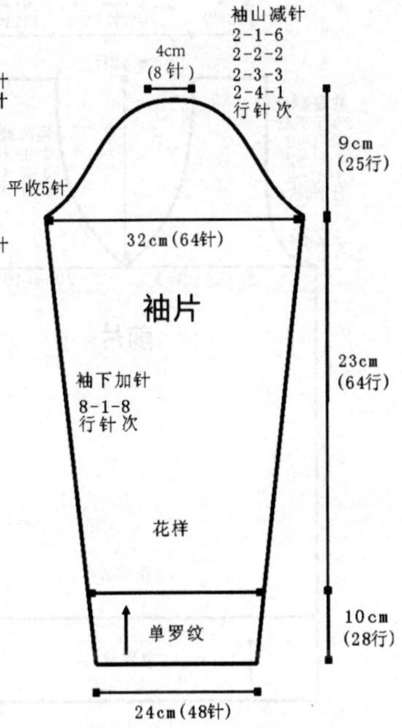

前片

6cm（12针）　15cm（30针）　6cm（12针）

6cm（17行）

袖窿减针
20行平针
3-1-2
2-1-2
2-2-2
行针次

平收5针

领口减针
平收10针
2-1-2
2-2-2
2-1-3
行针次

袖窿减针
20行平针
3-1-2
2-1-2
2-2-2
行针次

平收5针

花样

单罗纹

40cm（80针）

后片

6cm（12针）　15cm（30针）　6cm（12针）

2cm（7行）

15cm（42行）

袖窿减针
20行平针
3-1-2
2-1-2
2-2-2
行针次

平收5针

领口减针
平收15针
2-2-2
2-1-2
行针次

袖窿减针
20行平针
3-1-2
2-1-2
2-2-2
行针次

平收5针

23cm（64行）

花样

10cm（28行）

单罗纹

40cm（80针）

袖片

袖山减针
2-1-6
2-2-2
2-3-3
2-4-1
行针次

4cm（8针）

9cm（25行）

32cm（64针）

袖下加针
8-1-8
行针次

23cm（64行）

花样

单罗纹

10cm（28行）

24cm（48针）

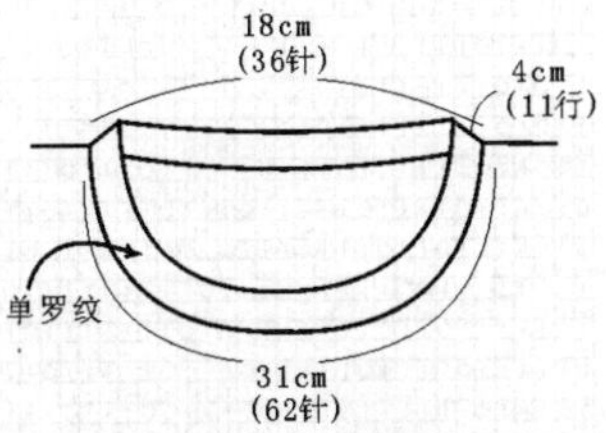

领子结构图

18cm（36针）

4cm（11行）

单罗纹

31cm（62针）

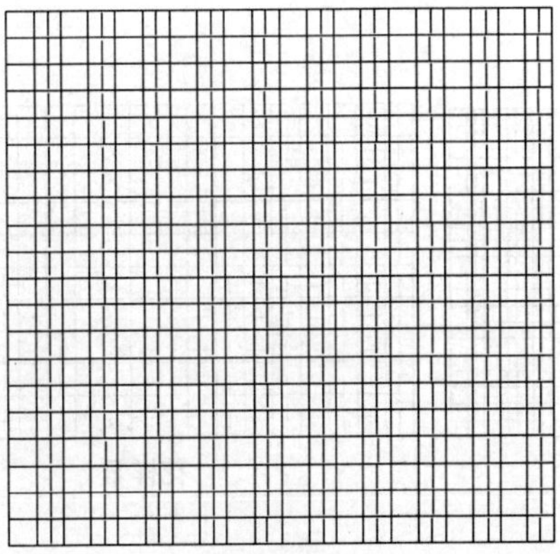

单罗纹

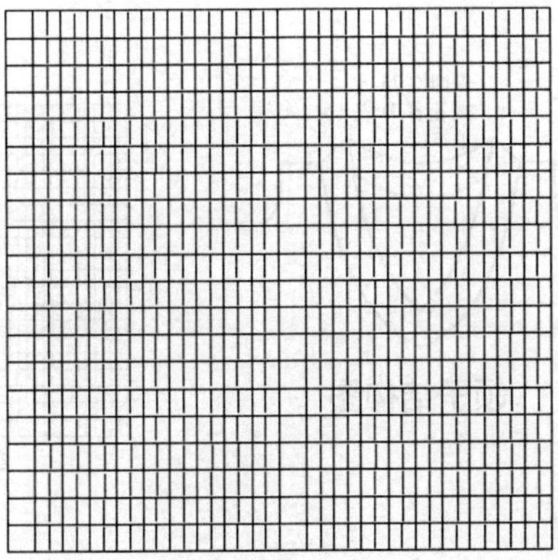

花样

V 领菱形纹气质毛衣

【成品尺寸】衣长 48cm　胸围 80cm　袖长 42cm
【工具】10 号棒针　绣花针
【材料】孔雀蓝色羊毛绒线 400g
【密度】10cm² : 20 针 ×28 行

【制作过程】

1. 前片：按图用机器边起针法起 80 针，织 10cm 单罗纹后，改织花样 A，织至 23cm 时左右两边开始按图收成袖窿，再织 9cm 开领窝至织完成。

2. 后片：织法与前片一样，只是须按图开领窝。

3. 袖片：按图用机器边起针法起 48 针，织 10cm 单罗纹后，改织花样 A，袖下按图加针，织至 23cm 按图示均匀减针，收成袖山。

4. 编织结束后，将前后片侧缝、肩部、袖片缝合。

5. 领圈挑 96 针，按花样 B 织 6cm 单罗纹，形成 V 领。

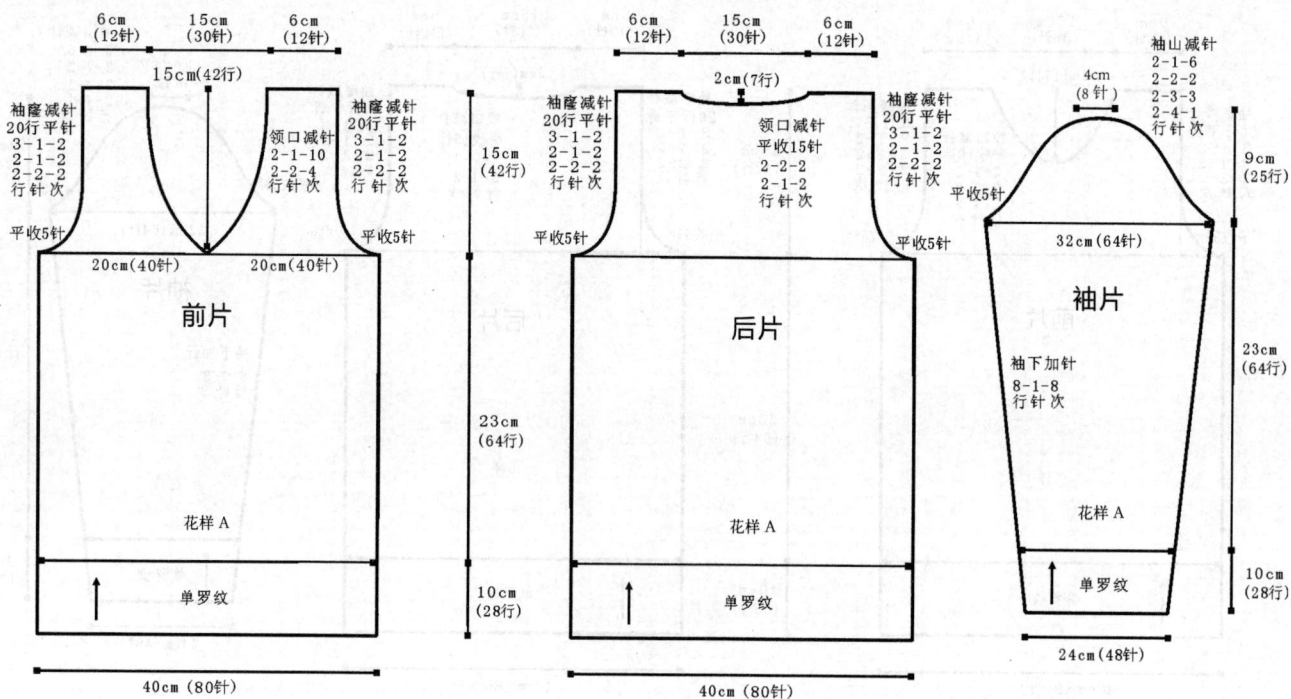

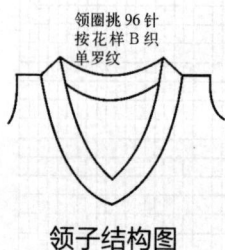

领子结构图

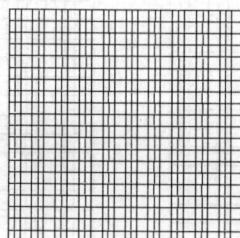

单罗纹

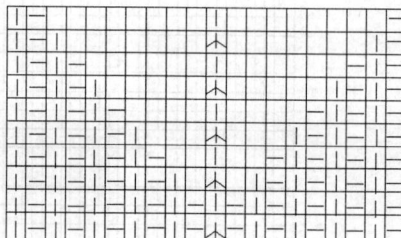

花样 B

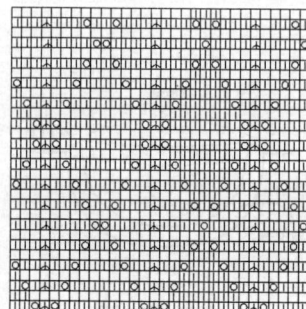

花样 A

粉嫩麻花纹外套

【成品尺寸】衣长 48cm　胸围 80cm　袖长 49cm

【工具】10 号棒针　绣花针

【材料】粉红色羊毛绒线 400g

【密度】10cm² : 20 针 ×28 行

【附件】纽扣 4 枚

【制作过程】

1. 前片：分左、右两片，左前片用一般起针法起 40 针，织花样 B，织至 33cm 时，左右两边开始收成插肩袖窿，再织 7cm 开领窝，至织完成，用同样方法编织右前片。

2. 后片：用一般起针法起 80 针，织花样 B，织至 33cm 时，左右两边开始收成插肩袖窿，并按图开领窝，至织完成。

3. 袖片：用一般起针法起 48 针，织花样 B，袖下加针，织至 33cm 时，按图收成插肩袖山。

4. 编织结束后，将前后片侧缝、袖片缝合。

5. 领圈挑 74 针，织 3cm 花样 A，形成开襟圆领。

6. 装饰：用绣花针缝上纽扣。

12.5cm (25针)　7.5cm (15针)　7.5cm (15针)　12.5cm (25针)

8cm (22行)

插肩减针 2-1-20 行针次

平收6针 领口减针 2-2-2 4-1-3 行针次

平收6针 领口减针 2-2-2 4-1-3 行针次

插肩减针 2-1-20 行针次

平收5针　　　平收5针

左前片　　**右前片**

花样B　　花样B

20cm (40针)　　20cm (40针)

12.5cm (25针)　15cm (30针)　12.5cm (25针)

2cm (6行)

插肩减针 2-1-20 行针次

领口减针 平收15针 2-2-2 2-1-2 行针次

平收5针　　　平收5针

15cm (42行)

后片

花样B

15cm (42行)

33cm (92行)

40cm (80针)

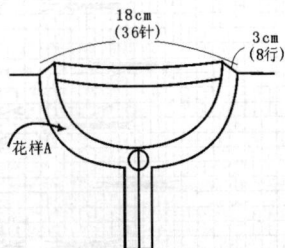

18cm (36针)　　3cm (8行)

花样A

领子结构图

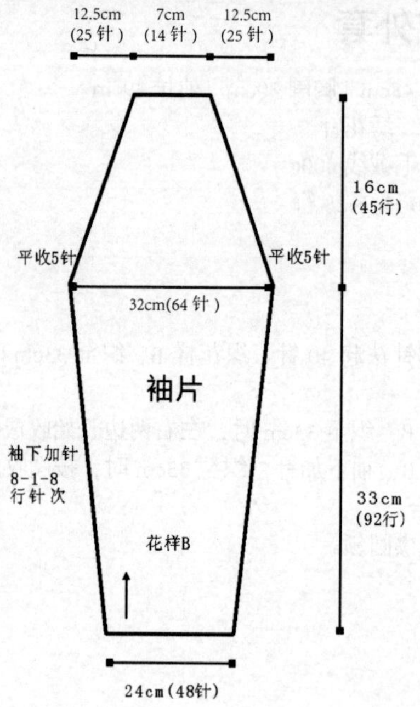

12.5cm　　7cm　　12.5cm
(25针)　(14针)　(25针)

16cm
(45行)

平收5针　　　　　　平收5针

32cm(64针)

袖片

袖下加针
8-1-8
行针次

33cm
(92行)

花样B

↑

24cm(48针)

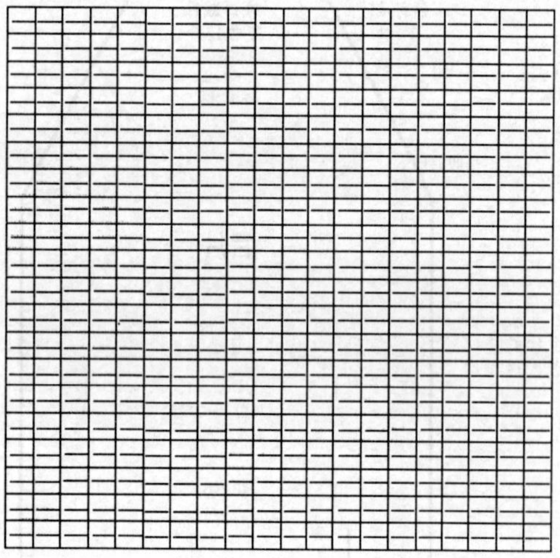

全上针

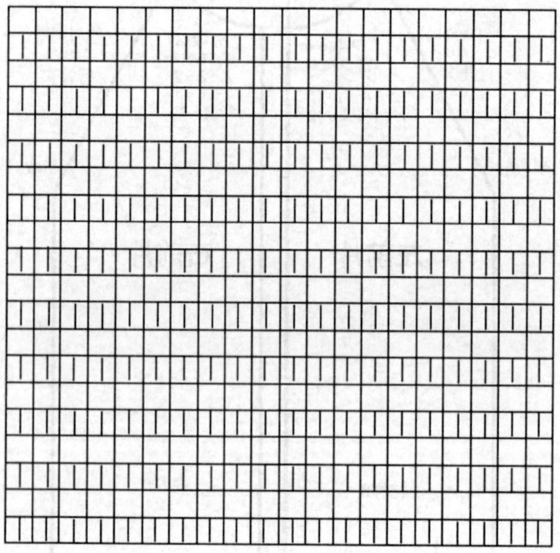

花样 A

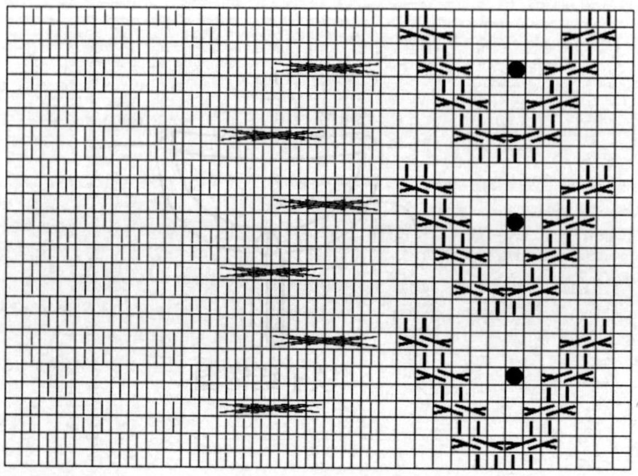

花样 B

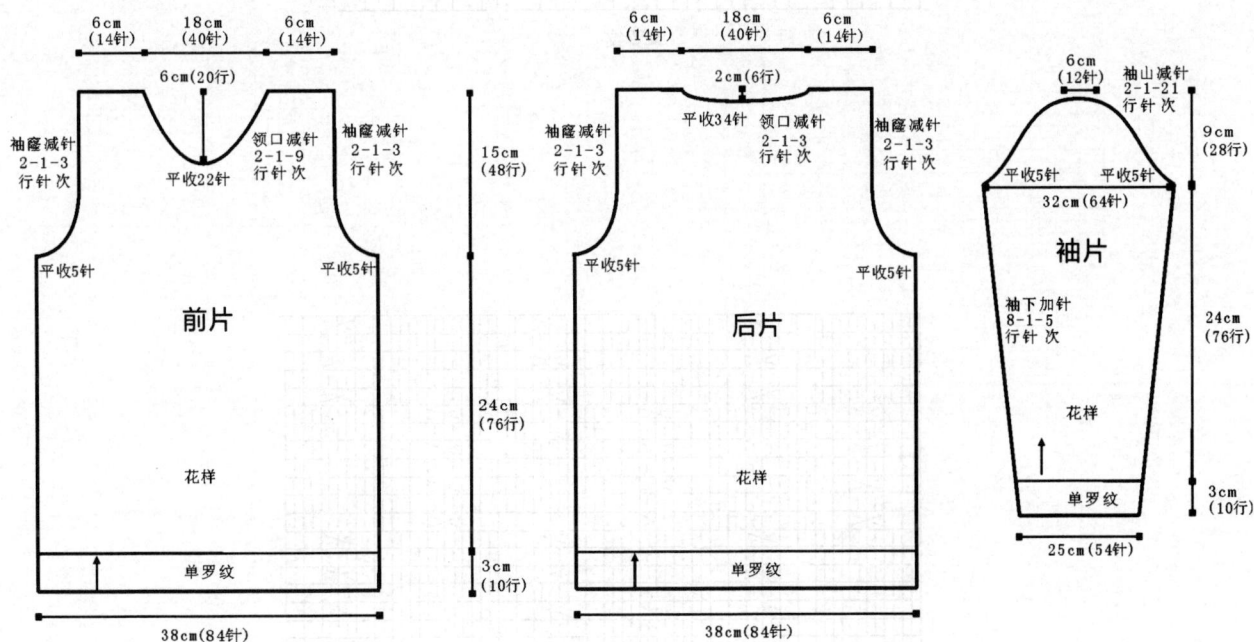

蓝色套头毛衣

【成品尺寸】 衣长 42cm　胸围 76cm　袖长 36cm

【工具】 10 号棒针

【材料】 蓝色羊毛绒线 400g

【密度】 10cm²:22 针 ×32 行

【制作过程】

1. 前片：按图用机器边起针法起 84 针，织 3cm 单罗纹后，改织花样，侧缝不用加减针，织至 24cm 时左右两边平收 5 针，并开始按图收成袖窿，再织 9cm 开领窝至织完成。

2. 后片：织法与前片一样，只是须按图开领窝。

3. 袖片：按图用机器边起针法起 54 针，织 3cm 单罗纹后，改织花样，袖下按图加针，织至 24cm 时按图示均匀减针，收成袖山。

4. 编织结束后，将前后片侧缝、肩部、袖片对应缝合。

5. 领圈挑 108 针，织 3cm 单罗纹，形成圆领，完成。

前片

6cm（14针）　18cm（40针）　6cm（14针）

6cm(20行)

袖窿减针 2-1-3 行针次

领口减针 2-1-9 行针次

袖窿减针 2-1-3 行针次

平收22针

平收5针　平收5针

前片

花样

单罗纹

38cm（84针）

后片

6cm（14针）　18cm（40针）　6cm（14针）

2cm（6行）

平收34针

袖窿减针 2-1-3 行针次

领口减针 2-1-3 行针次

袖窿减针 2-1-3 行针次

平收5针　平收5针

15cm（48行）

24cm（76行）

3cm（10行）

后片

花样

单罗纹

38cm（84针）

袖片

6cm（12针）

袖山减针 2-1-21 行针次

9cm（28行）

平收5针　平收5针

32cm（64针）

袖下加针 8-1-5 行针次

袖片

24cm（76行）

花样

单罗纹

3cm（10行）

25cm（54针）

领子结构图

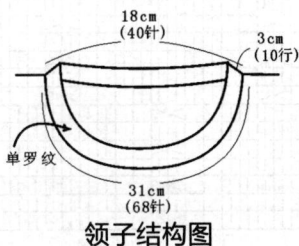

18cm（40针）　3cm（10行）

单罗纹

31cm（68针）

领子结构图

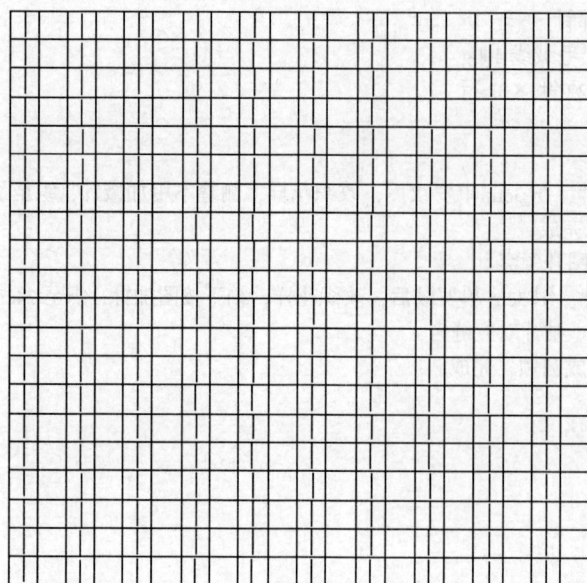

单罗纹

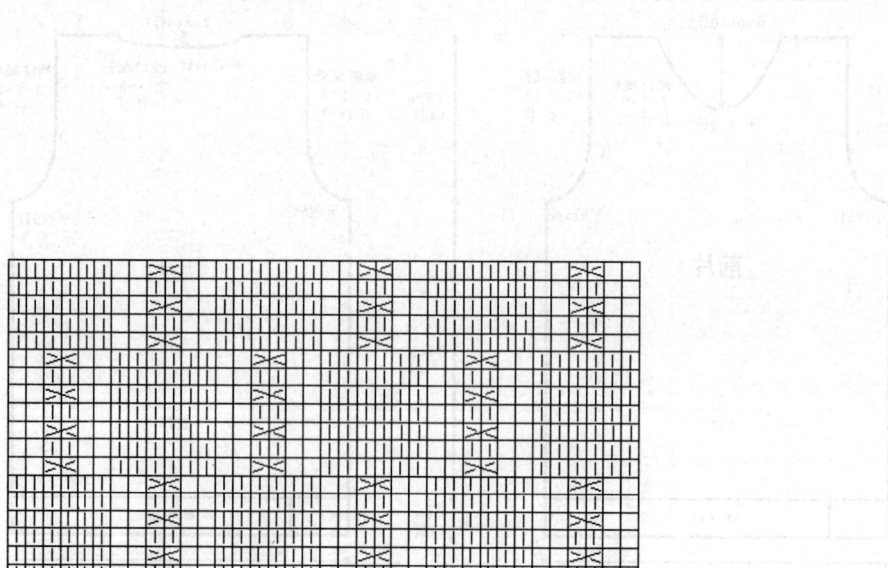

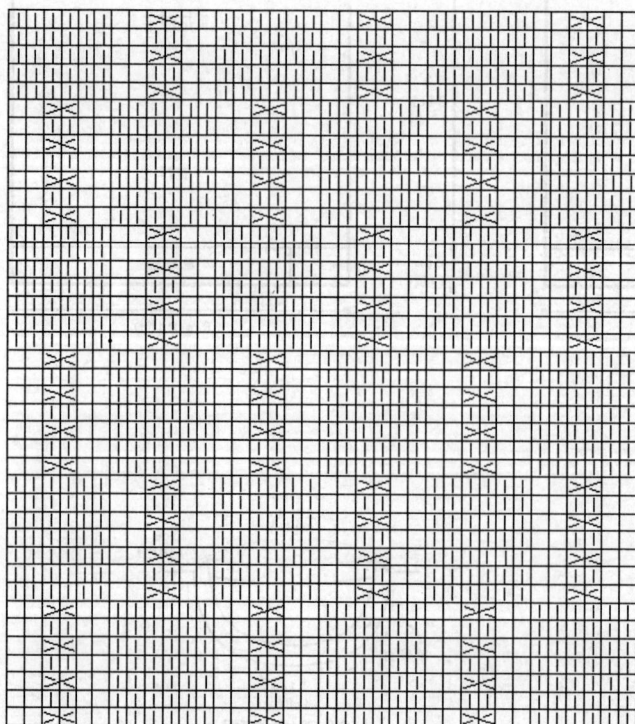

花样

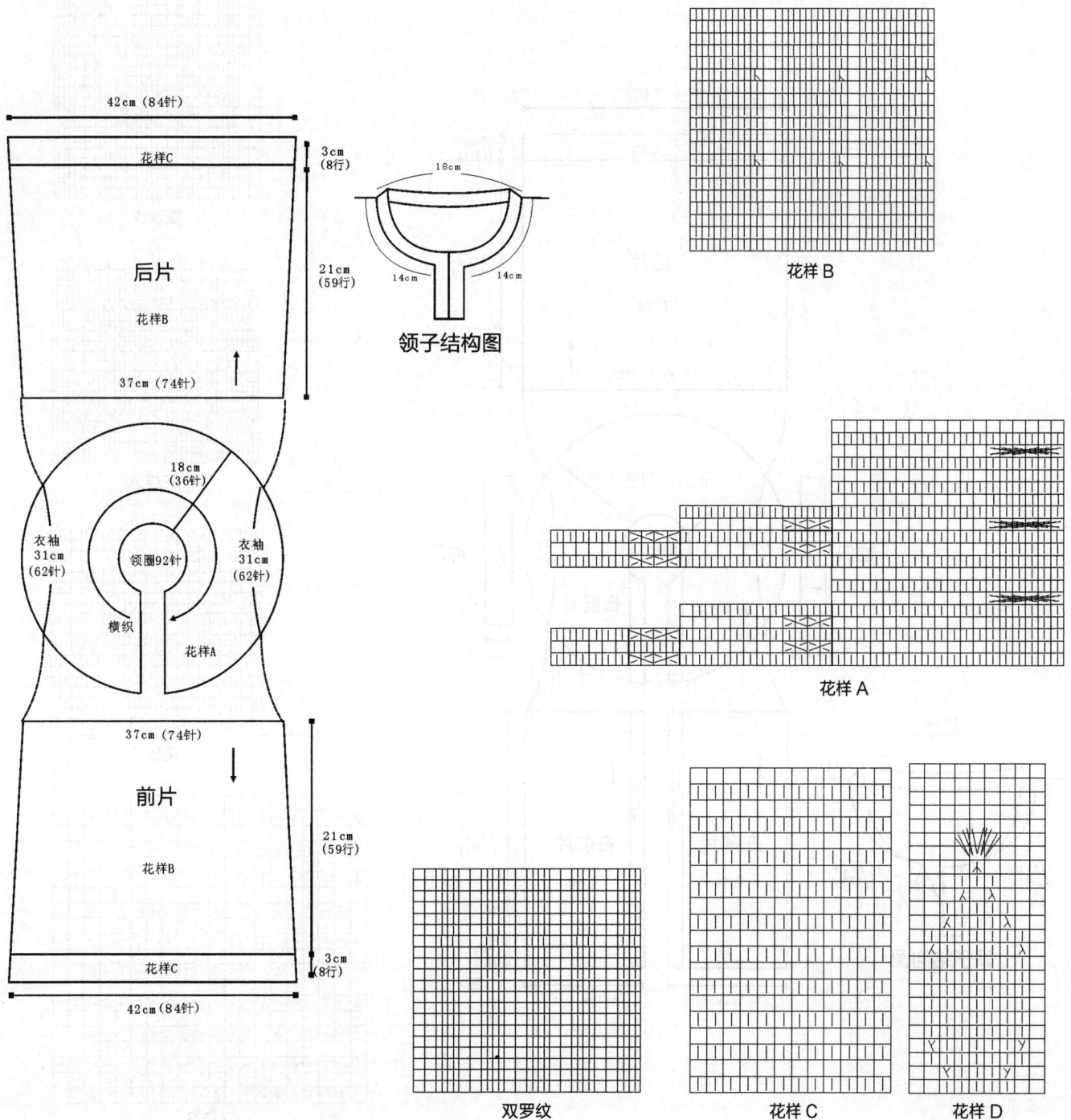

金鱼花纹娃娃裙

【成品尺寸】 衣长 42cm　胸围 74cm　袖长 20cm
【工具】 10 号棒针　绣花针
【材料】 浅红色羊毛绒线 300g
【密度】 10cm²：20 针 ×28 行
【附件】 纽扣 4 枚　亮片若干

【制作过程】

1. 横向编织，从门襟织起，用一般起针法起 36 针，织花样 A 至另一门襟后，开始分前后片和袖口，门襟合成一片为前片，按编织方向，织花样 B，织至 21cm 时改织 3cm 花样 C，后片织 21cm 花样 B 后，改织 3cm 花样 C。袖口挑 62 针，织 2cm 双罗纹。

2. 装饰：按照花样 D 图编织金鱼花纹缝在前片上，缝上纽扣和亮片。

42cm（84针）

花样C

3cm（8行）

后片

花样B

21cm（59行）

37cm（74针）

18cm

14cm　14cm

领子结构图

花样 B

18cm（36针）

衣袖 31cm（62针）

领圈92针

衣袖 31cm（62针）

横织

花样A

花样 A

37cm（74针）

前片

21cm（59行）

花样B

花样C

3cm（8行）

42cm（84针）

双罗纹

花样 C

花样 D

甜美白色外套

【成品尺寸】衣长 42cm　胸围 74cm

【工具】10 号棒针　绣花针

【材料】白色羊毛绒线 300g

【密度】10cm² : 20 针 × 28 行

【附件】纽扣 4 枚　装饰物一个

【制作过程】

1. 上衣是从领圈往下编织，用一般起针法起 50 针，每行加 6 针，加至 92 针，作为领子，然后按花样 A 加针，织至 18cm 时，开始分前、后片和袖片，按编织方向，前片分左、右两片编织，前片和后片织 21cm 的花样 B 后，改织 3cm 花样 C，前片留 6 针作为织花样 C 的门襟，袖挑 62 针，织 2cm 双罗纹。

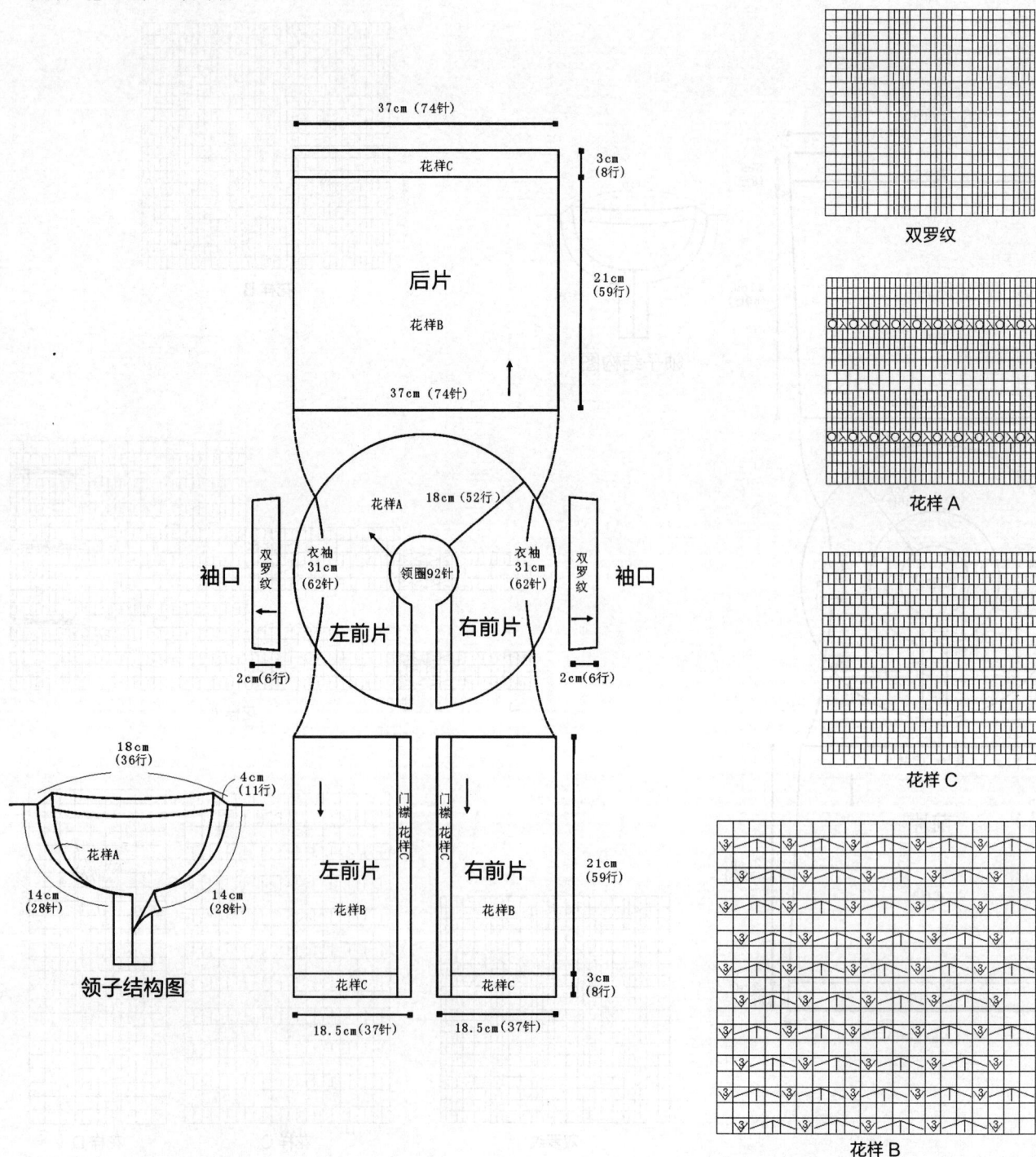

2. 装饰：缝上纽扣和装饰物。

37cm（74针）

花样C　3cm（8行）

后片

花样B

21cm（59行）

37cm（74针）

花样A　18cm（52行）

衣袖 31cm（62针）　领圈92针　衣袖 31cm（62针）

袖口　双罗纹　双罗纹　袖口

2cm（6行）　2cm（6行）

左前片　**右前片**

18cm（36行）

4cm（11行）

花样A

14cm（28针）　14cm（28针）

领子结构图

门襟花样C　门襟花样C

21cm（59行）

左前片　**右前片**

花样B　花样B

花样C　花样C　3cm（8行）

18.5cm（37针）　18.5cm（37针）

双罗纹

花样 A

花样 C

花样 B

蓝色拉链连帽外套

【成品尺寸】衣长 45cm　胸围 80cm
【工具】10 号棒针　绣花针
【材料】蓝色羊毛绒线 300g
【密度】10cm² : 20 针 ×28 行
【附件】拉链 1 条

【制作过程】

1. 前片：分左、右两片，左前片按图起 40 针，织 4cm 单罗纹后，改织花样，织至适合长度后改织全下针，编至 26cm 时左右两边开始按图收成袖窿，再织 9cm 开领窝至织完成。用同样方法对应织右前片。

2. 后片：按图起 80 针，织 4cm 单罗纹后，改织全下针，织至 26cm 时左右两边开始按图收成袖窿，再织 13cm 开领窝至织完成。

3. 编织结束后，将前后片侧缝、肩部缝合。

4. 门襟挑 84 针，织 4cm 单罗纹，对折缝合，形成拉链边。

5. 领圈挑 65 针，织 18cm 花样，帽边缝合，形成帽子。

6. 袖口挑适合针数织 3cm 单罗纹。

7. 装饰：用绣花针缝上拉链。

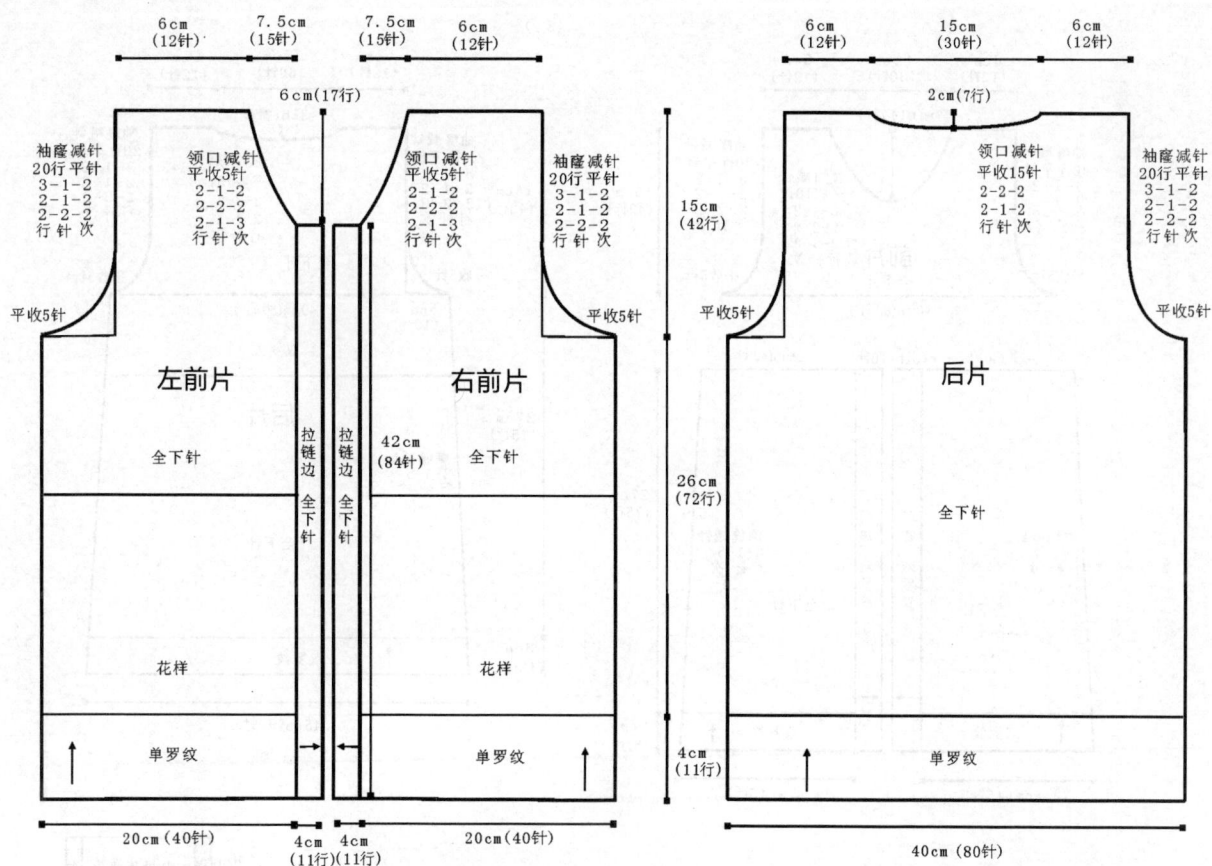

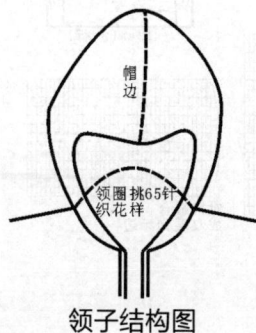

领子结构图

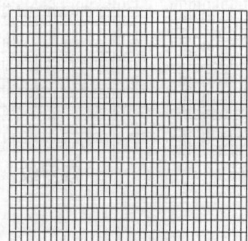

全下针

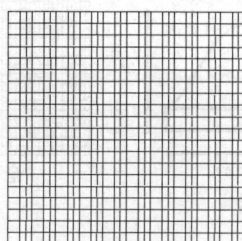

单罗纹

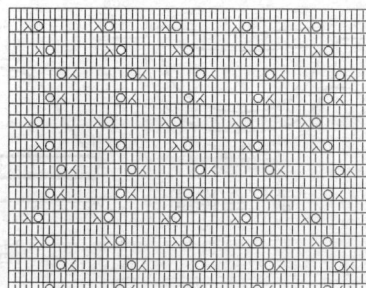

花样

蝴蝶结圆领娃娃装

【成品尺寸】衣长 45cm　胸围 80cm
【工具】10 号棒针　绣花针
【材料】玫红色羊毛绒线 300g
【密度】10cm^2：20 针 ×28 行

【制作过程】

1. 前片：分上、下片编织，上片起 80 针，织全下针，左右两边按图收成袖窿，织 9cm 开领窝至织完成。下片分左右两片编织，左片按图起 45 针，织 3cm 双罗纹后，改织全下针，侧缝按图减针，至织完成，用同样方法织右片。两边门襟挑 6 针，织 3cm 双罗纹，下片分别打皱褶与上片缝合。

2. 后片：按图起 90 针，织 3cm 双罗纹后，改织全下针，至适合长度改织双罗纹，侧缝按图减针，织至 27cm 时，改织全下针，左右两边按图收成袖窿，织至 13cm 时开领窝。

3. 袖片另织，起 64 针，织 3cm 双罗纹后，改织全下针，并按图减针收成袖山。

4. 编织结束后，将前后片侧缝、肩部、袖片缝合。

5. 领圈挑 80 针，织 3cm 单罗纹，形成圆领。

6. 中间装饰花按狗牙边花样另织好，中间打皱褶按图缝合。

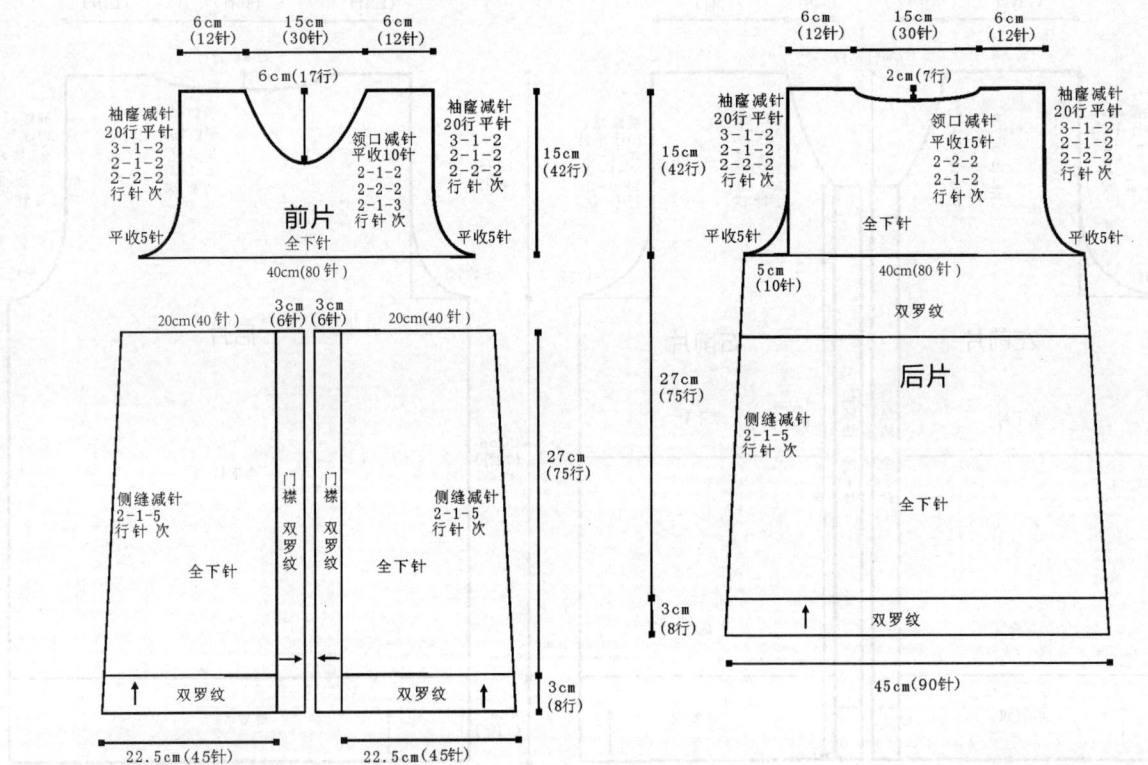

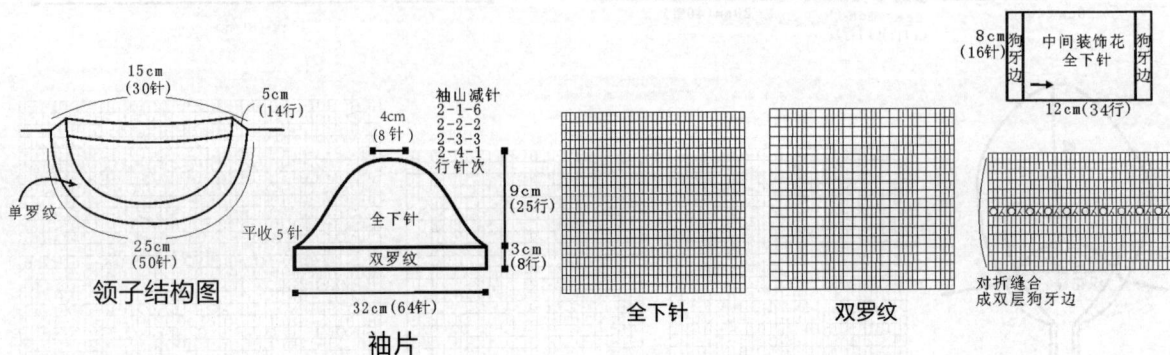

甜美可爱小背心

【成品尺寸】衣长 48cm　胸围 80cm
【工具】10 号棒针　绣花针
【材料】浅红色羊毛绒线 250g
【密度】$10cm^2$：20 针 ×28 行

【制作过程】

1. 前片：按图用机器边起针法起 80 针，织 5cm 单罗纹后，改织花样，织至 28cm 时左右两边开始按图收成袖窿，再织 9cm 开领窝至织完成。

2. 后片：织法与前片一样，只是须按图开窝。

3. 编织结束后，将前后片侧缝、肩部缝合。

4. 领圈挑 98 针，织 3cm 单罗纹，形成圆领。袖口挑适合针数，织 3cm 单罗纹。

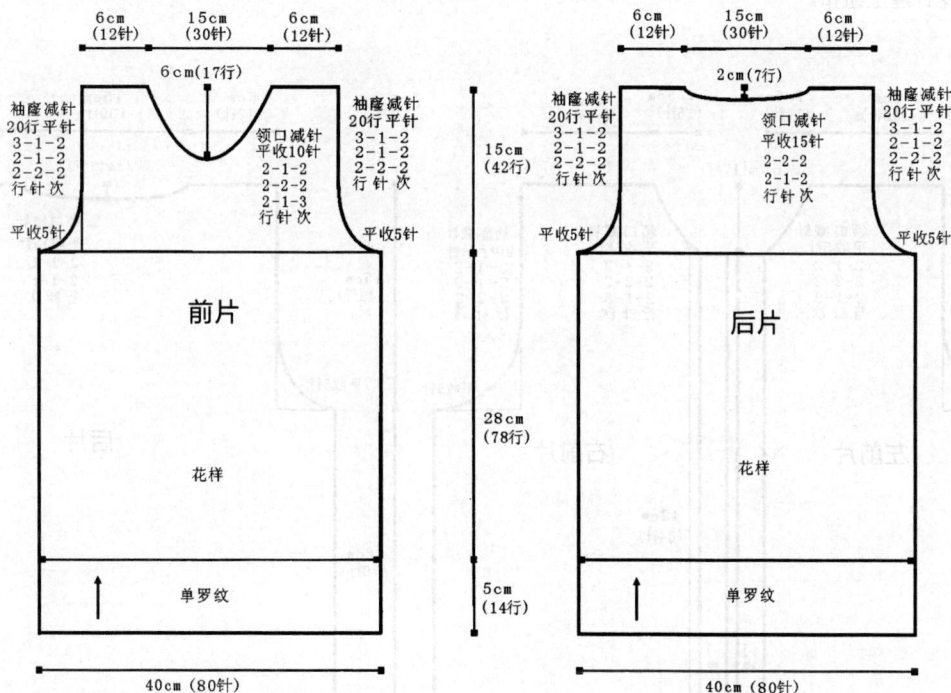

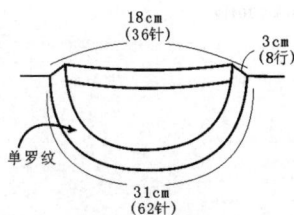

领子结构图

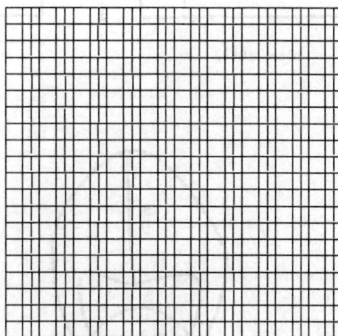

单罗纹

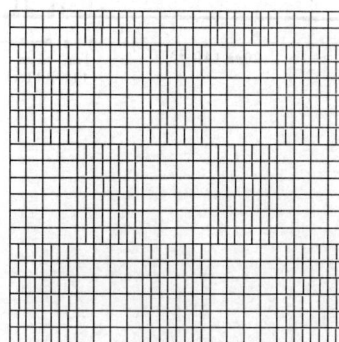

花样

个性连帽外套

【成品尺寸】衣长 48cm 胸围 80cm 袖长 42cm
【工具】10 号棒针 绣花针
【材料】蓝色羊毛绒花线 500g
【密度】10cm² : 20 针 ×28 行
【附件】纽扣 5 枚

【制作过程】
1. 前片：分左、右两片，左片按图起 40 针，织 8cm 单罗纹后，改织花样，织至 25cm 时左右两边开始按图收成袖窿，再织 9cm 开领窝至织完成。用同样方法对应织右片。
2. 后片：按图起 80 针，织 8cm 单罗纹后，改织花样，织至 25cm 时左右两边开始按图收成袖窿，再织 13cm 开领窝至织完成。
3. 袖片：按图起 48 针，织 8cm 单罗纹后，改织花样，袖下按图加针，织至 25cm 时按图示均匀减针，收成袖山。
4. 编织结束后，将前后片侧缝、肩部、袖片缝合。门襟挑 84 针，织 4cm 单罗纹。
5. 领圈挑 135 针，织 18cm 花样，边缘缝合，形成帽子。
6. 装饰：用绣花针缝上纽扣。

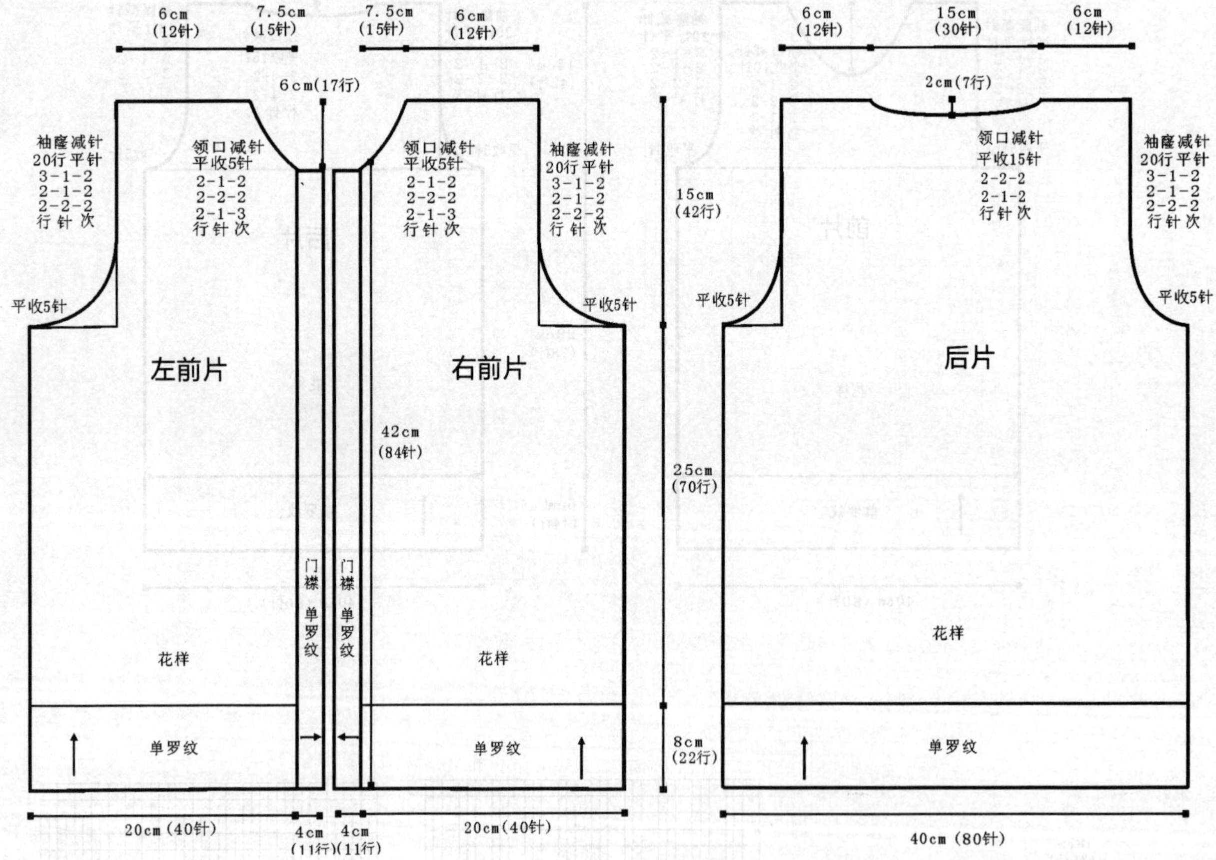

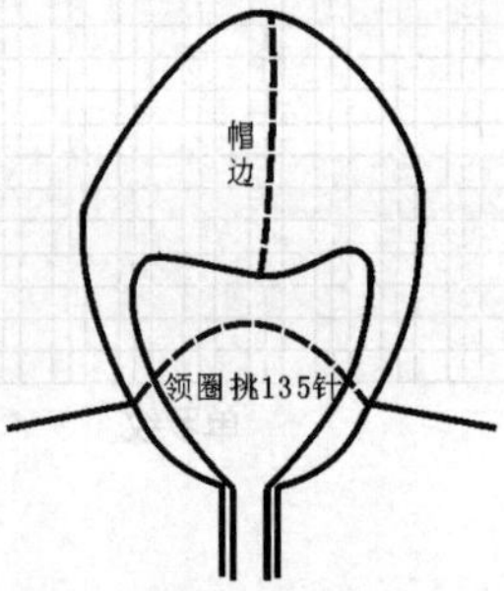

左前片 右前片 后片

领子结构图

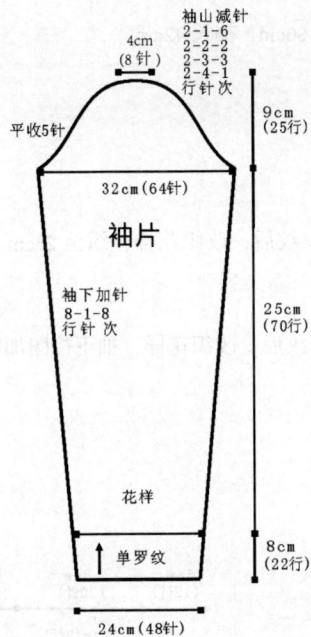

袖山减针
2-1-6
2-2-2
2-3-3
2-4-1
行针次

4cm
(8针)

平收5针

9cm
(25行)

32cm(64针)

袖片

袖下加针
8-1-8
行针 次

25cm
(70行)

花样

单罗纹

8cm
(22行)

24cm(48针)

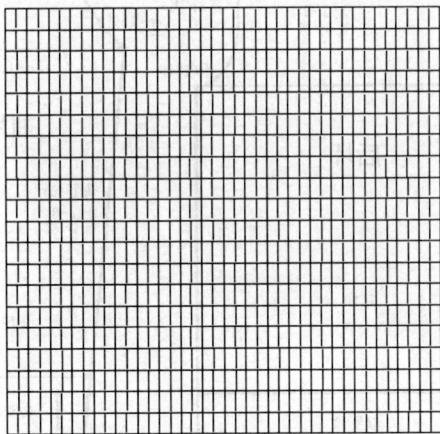

全下针

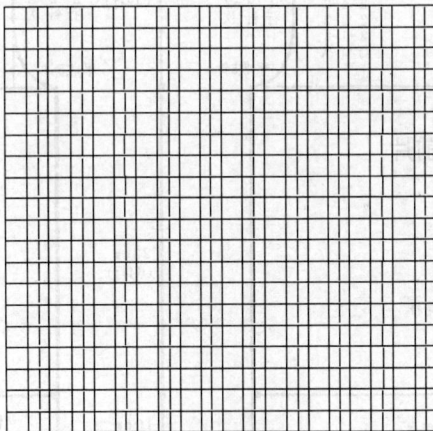

单罗纹

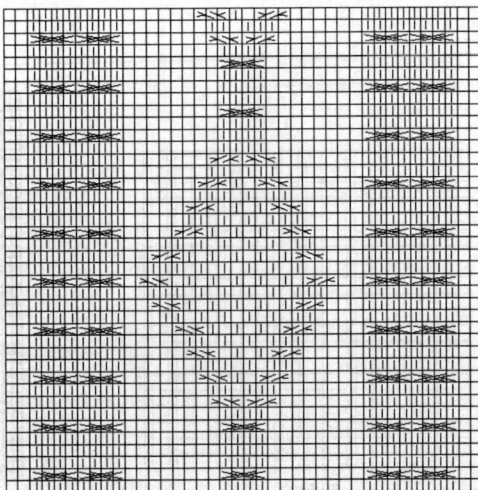

花样

简约个性毛衣

【成品尺寸】衣长 48cm　胸围 80cm　袖长 42cm
【工具】10 号棒针
【材料】棕色羊毛绒线 300g
【密度】10cm² : 20 针 ×28 行

【制作过程】

1. 前片：按图用机器边起针法起 80 针，织 10cm 双罗纹后，改织花样，织至 23cm 时左右两边开始按图收成袖窿，再织 9cm 开领窝至织完成。

2. 后片：织法与前片一样，只是须按图开领窝。

3. 袖片：按图用机器边起针法起 48 针，织 10cm 双罗纹后，改织花样，袖下按图加针，织至 23cm 按图示均匀减针，收成袖山。

4. 编织结束后，将前后片侧缝、肩部、袖片缝合。

5. 领圈挑 98 针，织 4cm 双罗纹，形成圆领。

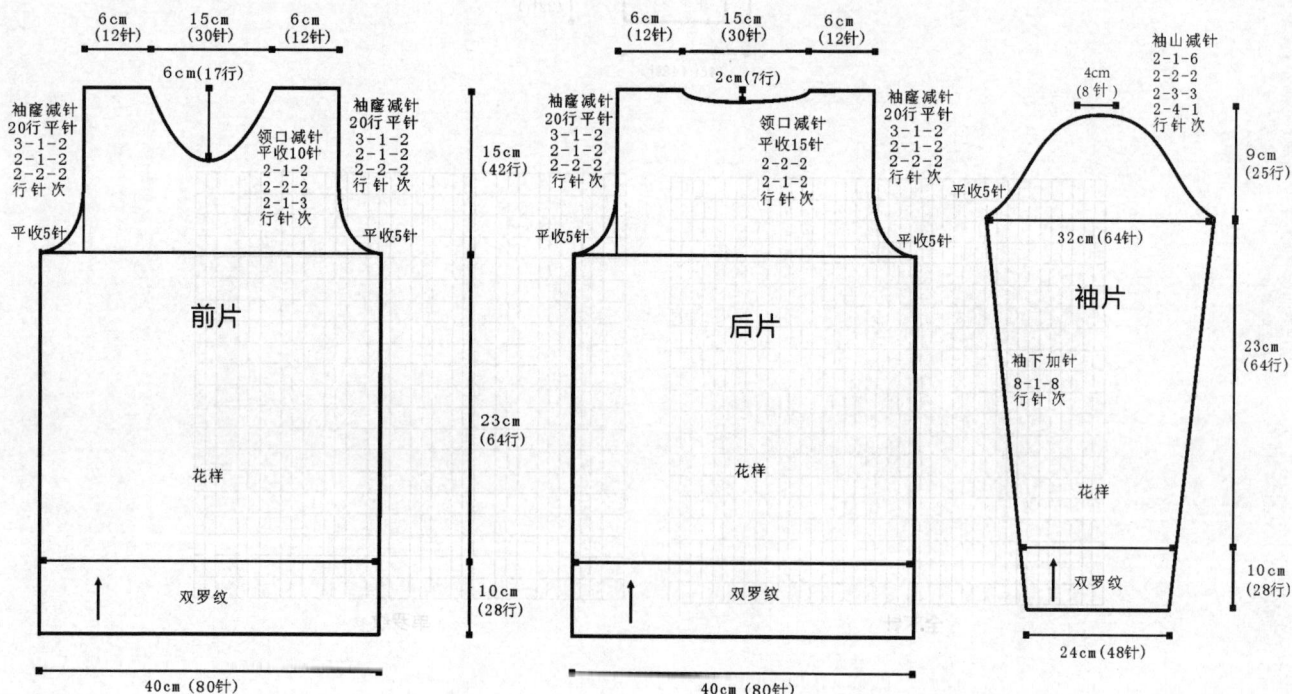

前片

后片

袖片

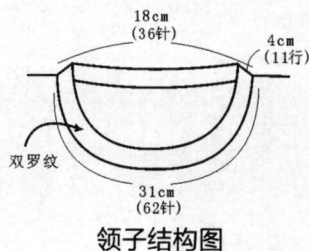

领子结构图

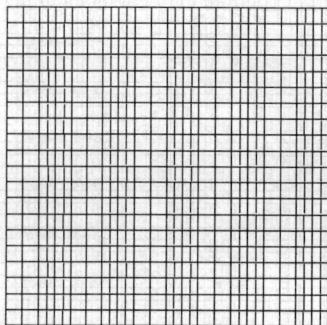

双罗纹

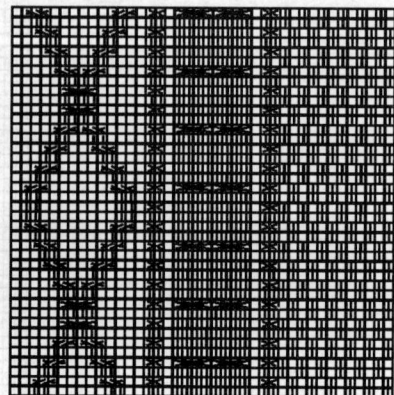

花样

休闲运动小背心

【成品尺寸】衣长 45cm　胸围 80cm
【工具】10 号棒针　绣花针
【材料】橙色、灰色羊毛绒线各 150g　黑色、蓝色、白色线各少许
【密度】10cm² : 20 针 ×28 行

【制作过程】
1. 前片：先用橙色线，按图用机器边起针法起 80 针，织 5cm 单罗纹后，改织全下针，同时用灰色、蓝色、白色、黑色线编入花样图案，织至 25cm 时左右两边开始按图收成袖窿，再织 9cm 开领窝至织完成。
2. 后片：织法与前片一样，只是须按图开领窝，并按图配色。
3. 编织结束后，将前后片侧缝、肩部缝合。
4. 领圈挑 80 针，织 5cm 单罗纹，形成圆领，两袖口挑适合针数，织 5cm 单罗纹。

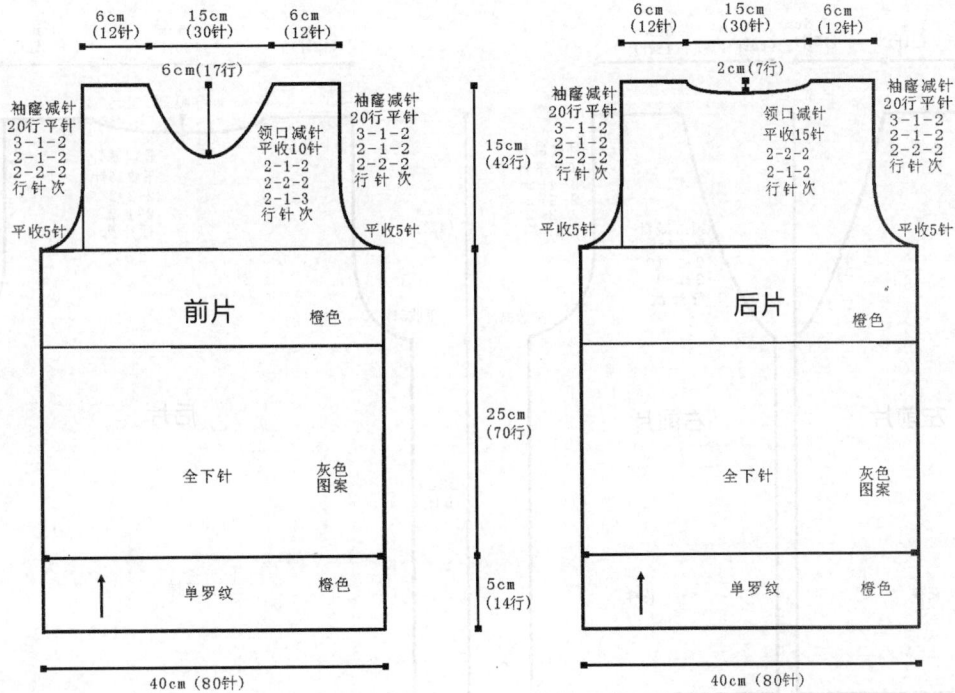

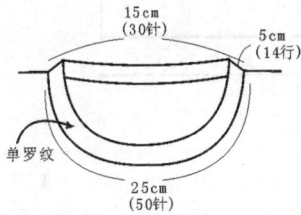

领子结构图

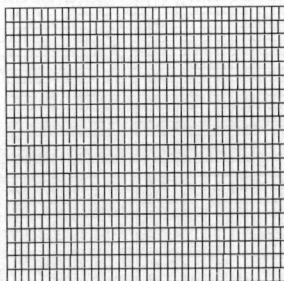

全下针

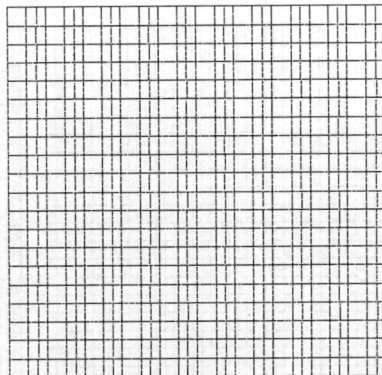

单罗纹

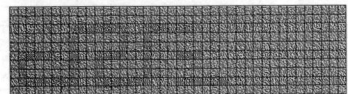

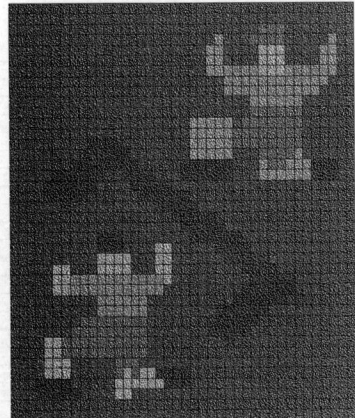

花样图案

帅气麻花纹马甲

【成品尺寸】衣长 42cm　胸围 80cm
【工具】10 号棒针　绣花针
【材料】灰色羊毛绒线 300g
【密度】10cm² : 20 针 ×28 行
【附件】纽扣 5 枚

【制作过程】

1. 前片：分左、右两片，左前片按图起 40 针，织 4cm 单罗纹后，改织花样，织至 23cm 时左右两边开始按图收成袖窿，并同时开领窝至织完成。用同样方法织右前片。
2. 后片：按图起 80 针，织 4cm 单罗纹后，改织花样，织至 23cm 时左右两边开始按图收成袖窿，再织 13cm 开领窝至织完成。
3. 编织结束后，将前后片侧缝、肩部缝合，门襟至领窝挑适合针数，织 4cm 单罗纹。
4. 装饰：用绣花针缝上纽扣。

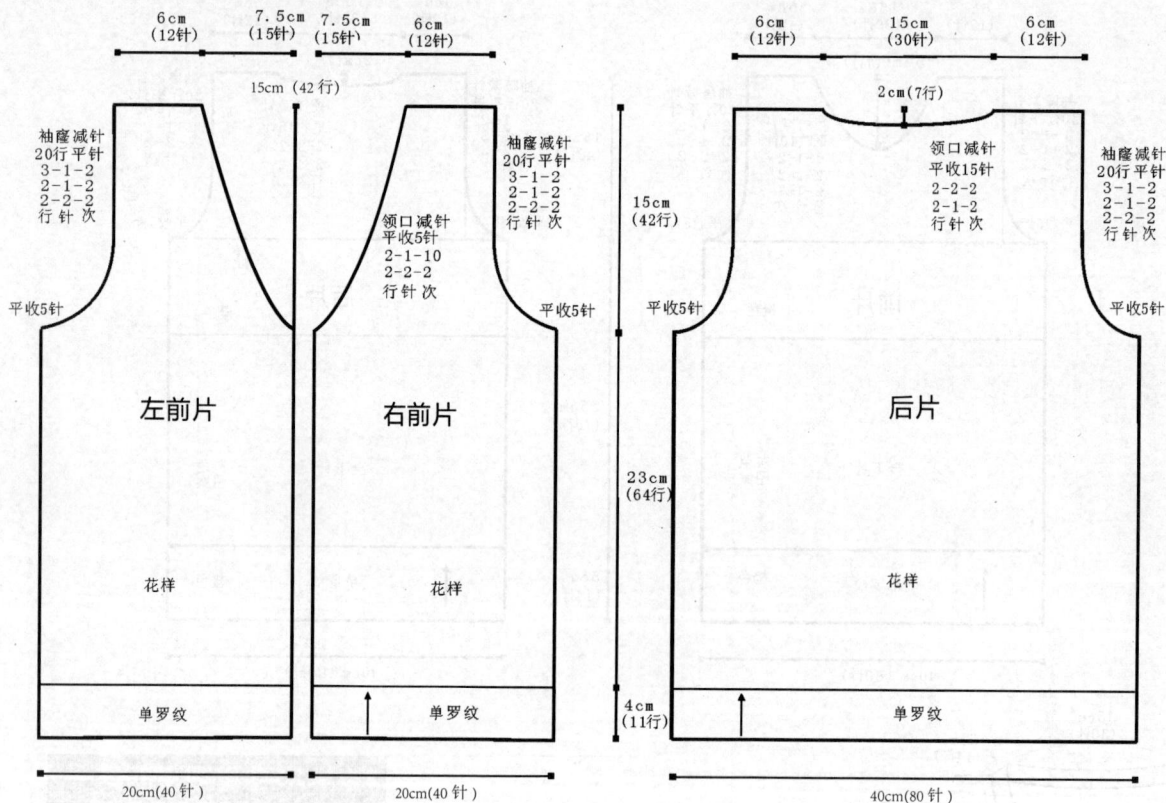

6cm
(12针)　7.5cm
(15针)　7.5cm
(15针)　6cm
(12针)

15cm (42行)

袖窿减针
20行平针
3-1-2
2-1-2
2-2-2
行 针 次

领口减针
平收5针
2-1-10
2-2-2
行 针 次

袖窿减针
20行平针
3-1-2
2-1-2
2-2-2
行 针 次

平收5针　　平收5针

左前片　　右前片

花样　　花样

单罗纹　　单罗纹

20cm(40针)　　20cm(40针)

6cm
(12针)　15cm
(30针)　6cm
(12针)

2cm(7行)

15cm
(42行)

领口减针
平收15针
2-2-2
2-1-2
行 针 次

袖窿减针
20行平针
3-1-2
2-1-2
2-2-2
行 针 次

平收5针　　　　　平收5针

后片

23cm
(64行)

花样

4cm
(11行)　　单罗纹

40cm(80针)

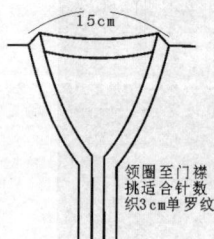

15cm

领圈至门襟
挑适合针数
织3cm单罗纹

领子结构图

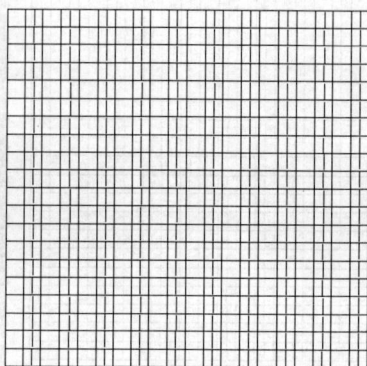

单罗纹

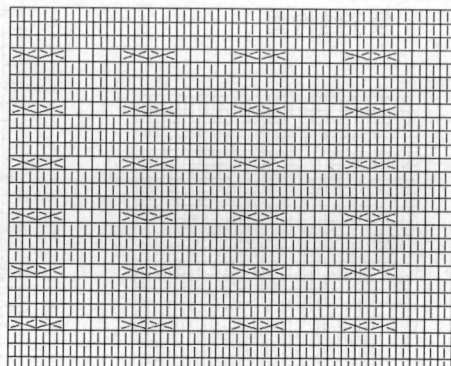

花样

优雅条纹毛衣

【成品尺寸】衣长42cm 胸围74cm 袖长36cm
【工具】10号棒针 绣花针
【材料】紫色羊毛绒线400g 棕色羊毛绒线100g
【密度】10cm² : 20针 ×28行
【附件】纽扣3枚

【制作过程】

1. 前片：用紫色线起90针，先织双层平针底边后，改织全下针，织至27cm时左右两边开始按图收成袖窿，中间每织4针减1针，减到74针，并用棕色线配色，再织9cm开领窝至织完成。

2. 后片：织法与前片一样，只是须按图开领窝。

3. 袖片：用紫色线起44针，织5cm单罗纹后，改织全下针，袖下按图加针，织至22cm按图示均匀减针，收成袖山。

4. 编织结束后，将前后片侧缝、肩部、袖片缝合。

5. 领圈和前片装饰片用棕色线织4cm全下针，按图缝合。

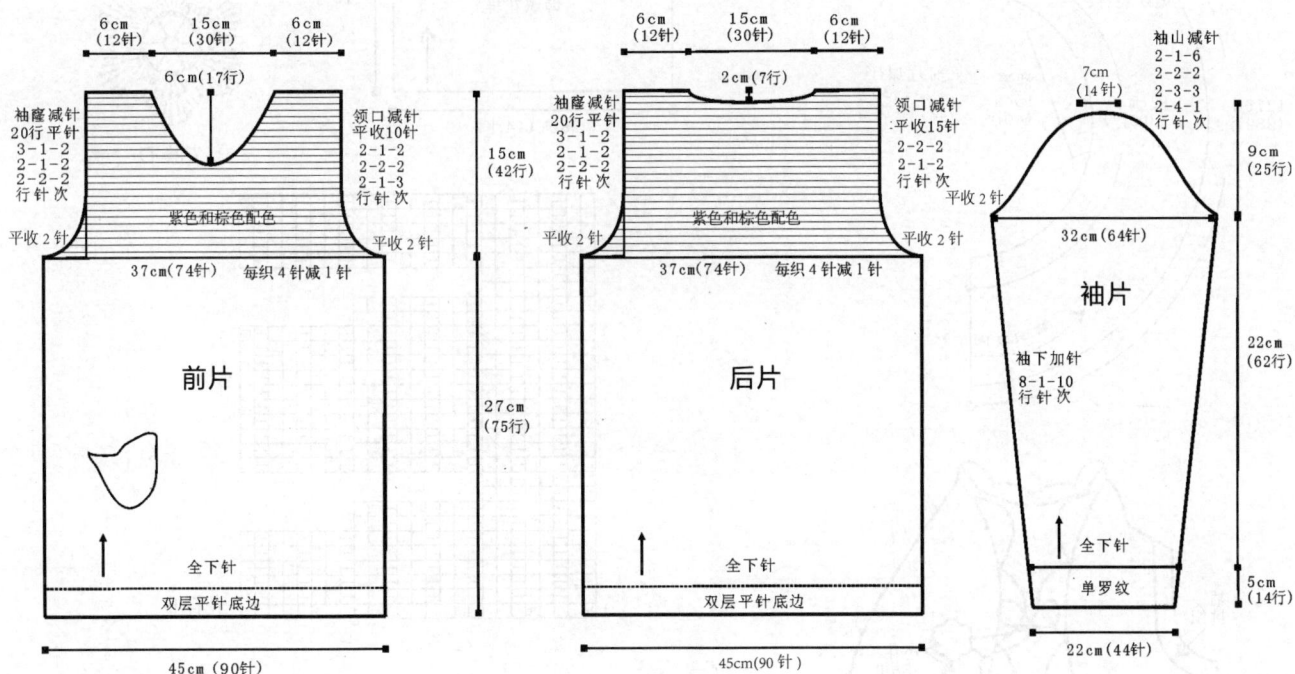

前片

6cm (12针) / 15cm (30针) / 6cm (12针)
6cm(17行)
袖窿减针 20行平针 3-1-2 2-1-2 2-1-3 行针次
领口减针 平收10针 2-1-2 2-2-2 2-1-3 行针次
紫色和棕色配色
平收2针 / 平收2针
37cm(74针) 每织4针减1针
15cm(42行)
27cm(75行)
全下针
双层平针底边
45cm（90针）

后片

6cm (12针) / 15cm (30针) / 6cm (12针)
2cm(7行)
袖窿减针 20行平针 3-1-2 2-1-2 2-2-2 行针次
领口减针 平收15针 2-2-2 2-1-2 行针次
平收2针
紫色和棕色配色
平收2针 / 平收2针
37cm(74针) 每织4针减1针
全下针
双层平针底边
45cm(90针)

袖片

袖山减针 2-1-6 2-2-2 2-3-3 2-4-1 行针次
7cm(14针)
9cm(25行)
32cm(64针)
袖下加针 8-1-10 行针次
22cm(62行)
全下针
单罗纹
5cm(14行)
22cm(44针)

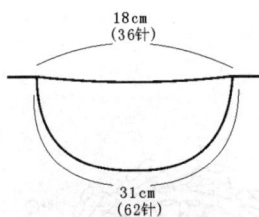

18cm (36针)
31cm (62针)
领子结构图

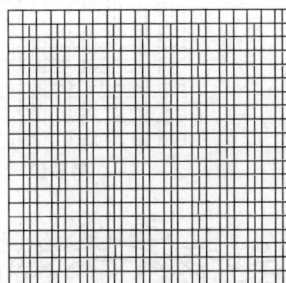

单罗纹

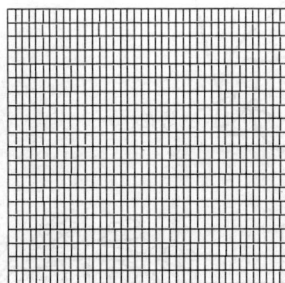

全下针

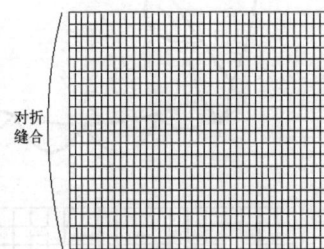

对折缝合
双层平针底边

时尚花边开衫

【成品尺寸】衣长 32cm　胸围 56cm
【工具】6 号棒针　7 号棒针　钩针　绣花针
【材料】墨绿色粗毛线 300g
【密度】10cm²：20 针 ×22 行

【制作过程】
1. 后片：用 6 号棒针和墨绿色毛线起 44 针，编织花样 A，不加不减针，织 18cm，留作袖窿，收针断线。
2. 前片：用 6 号棒针和墨绿色毛线起 28 针，编织花样 B，如图示加行数，织至内圆 92cm，外圆 127cm，收针断线。
3. 缝合前片 a 与 b，处，缝合前后片，留出袖窿。
4. 袖窿用 7 号棒针和墨绿色毛线挑织单罗纹。
5. 衣边用钩针钩织花样 C。
6. 小花用钩针钩织花样 D。

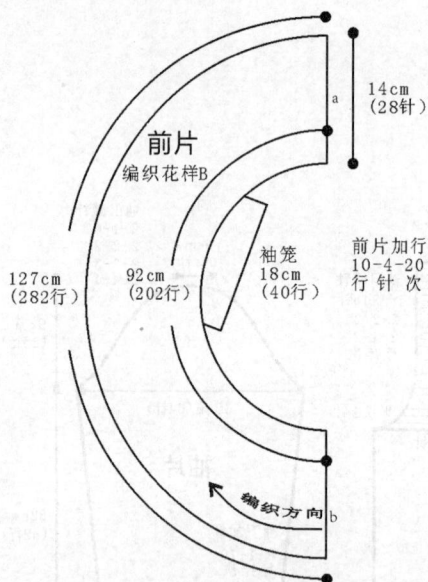

前片
编织花样B

14cm
（28针）
a

127cm
（282行）

92cm
（202行）

袖笼
18cm
（40行）

前片加行
10-4-20
行 针 次

编织方向
b

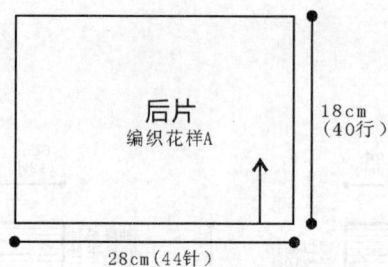

后片
编织花样A

18cm
（40行）

28cm（44针）

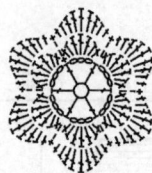

花样 D

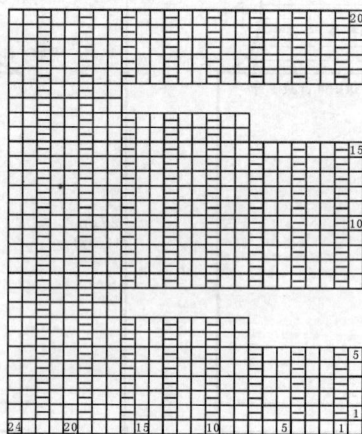

花样 B

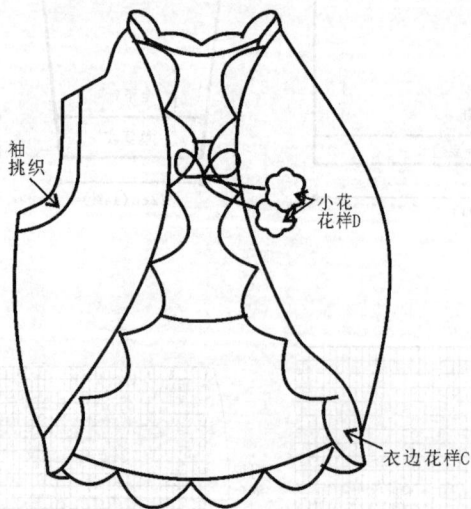

袖挑织

小花
花样D

衣边花样C

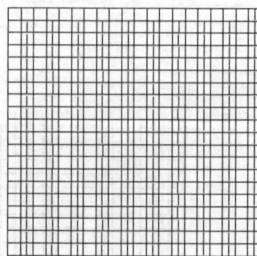

单罗纹

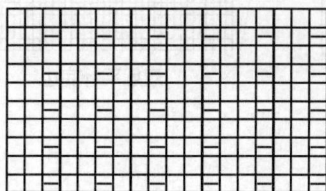

花样 A

花样 C

玫红色套头毛衣

【成品尺寸】衣长 48cm　胸围 80cm　袖长 45cm
【工具】10 号棒针
【材料】玫红色羊毛绒线 400g
【密度】10cm² : 20 针 ×28 行

【制作过程】

1. 前片：用机器边起针法起 80 针，织 8cm 双罗纹后，改织花样，织至 25cm 时左右两边开始按图收成插肩袖，再织 7cm 开领窝，至织完成。

2. 后片：织法与前片一样，只是须按图开领窝。

3. 袖片：用机器边起针法起 44 针，织 8cm 双罗纹后，改织花样，袖下按图加针，织至 21cm 时按图示均匀减针，收成插肩袖山。

4. 编织结束后，将前后片侧缝、袖片缝合。

5. 领圈挑 98 针，织 15cm 双罗纹，形成半高领。

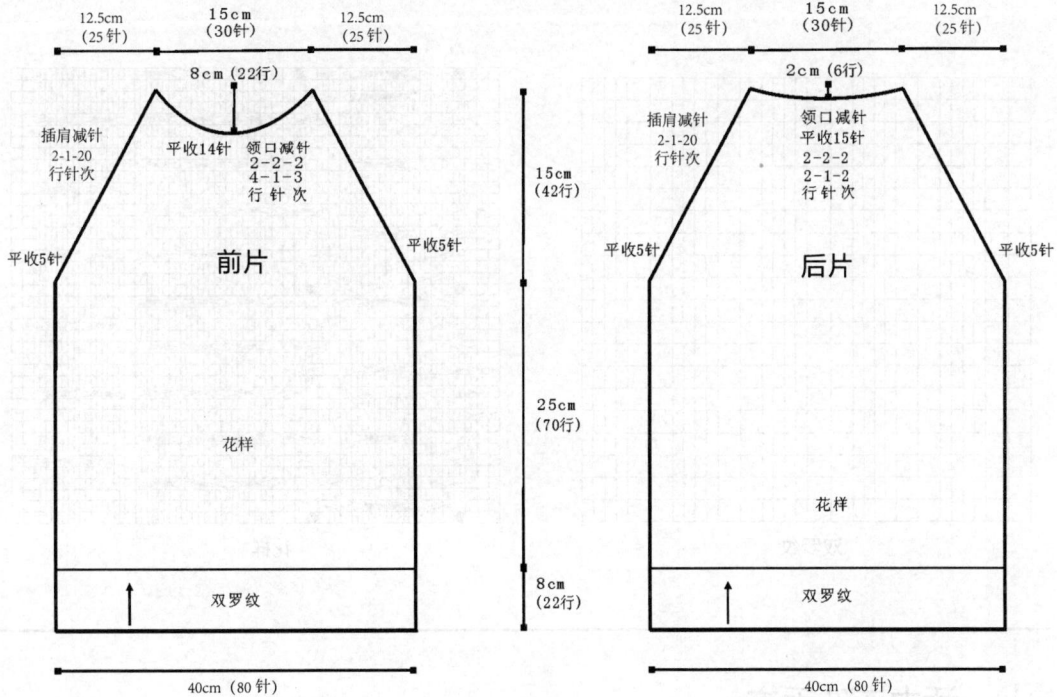

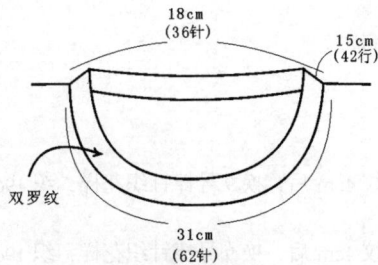

领子结构图

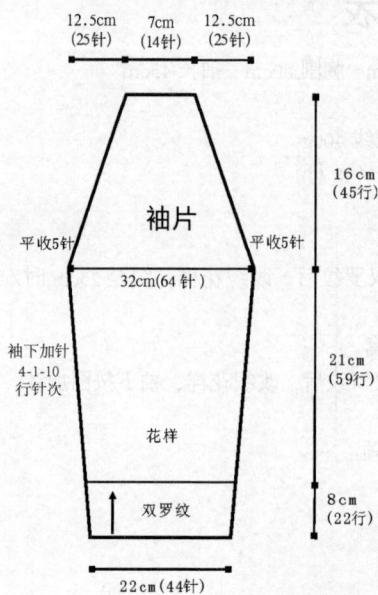

12.5cm 7cm 12.5cm
(25针) (14针) (25针)

袖片

16cm
(45行)

平收5针   平收5针

32cm(64针)

袖下加针
4-1-10
行针次

21cm
(59行)

花样

双罗纹   8cm
(22行)

22cm(44针)

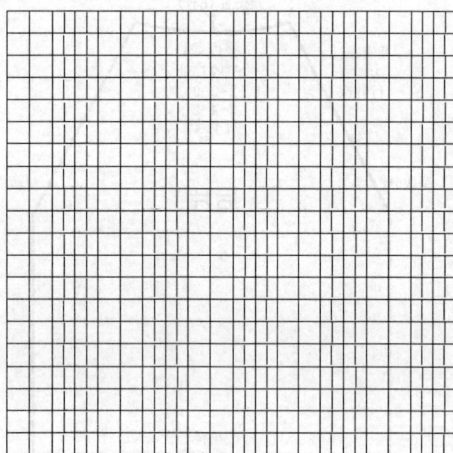

双罗纹

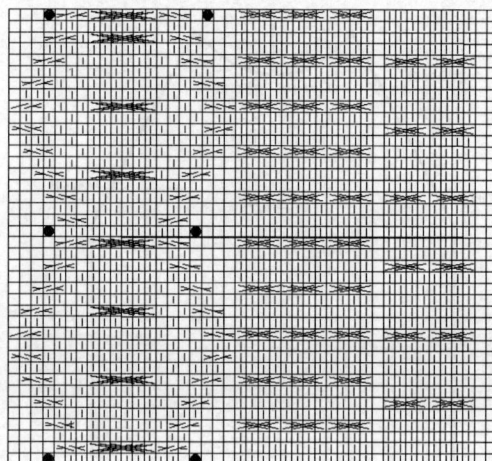

花样

活力嵌珠毛衣

【成品尺寸】 衣长 37cm　胸围 70cm　袖长 39cm
【工具】 9 号棒针　10 号棒针　绣花针
【材料】 蓝色粗毛线 350g
【密度】 10cm² : 20 针 ×26 行
【附件】 亮珠 37 粒

【制作过程】

1. 后片：用 10 号棒针和蓝色毛线起 72 针，织单罗纹 4cm 后，换 9 号棒针织花样，织 19cm 到腋下，进行斜肩减针，减针方法如图，减至后领留 28 针，待用。

2. 前片：用 10 号棒针和蓝色毛线起 72 针，织单罗纹 4cm 后，换 9 号棒针织花样，织 19cm 到腋下，开始斜肩减针，减针方法如图，在织到离衣长还差 3cm 时，进行领口减针，减针方法如图，此时领口与斜肩同时减针，减至最后领口与肩共留 3 针，待用。

3. 袖片：用 10 号棒针和蓝色毛线起 42 针，织单罗纹 4cm，换 9 号棒针编织花样，织 21cm 到腋下时，按图均匀加针到 58 针，然后开始斜肩减针，减针方法如图，减到最后腋下留 14 针，待用。

4. 缝合前后片的侧缝和袖下线。

5. 领口挑织单罗纹，在相应的位置钉上亮珠。

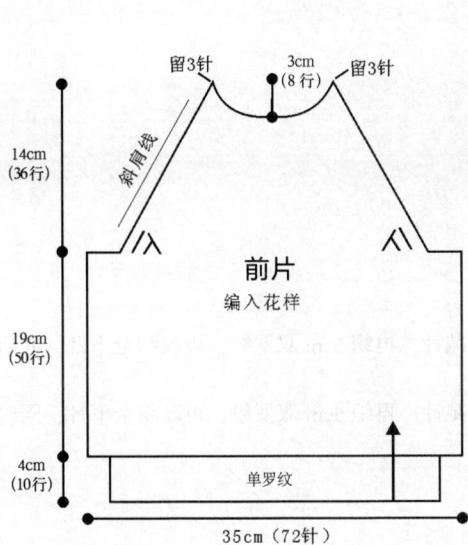

留3针　3cm　留3针
　　　　(8行)

前领减针
2-1-3
1-16-1
斜肩减针
平织2行
2-1-17
1-5-1

14cm
(36行)

斜肩线

前片
编入花样

19cm
(50针)

4cm
(10行)

单罗纹

35cm（72针）

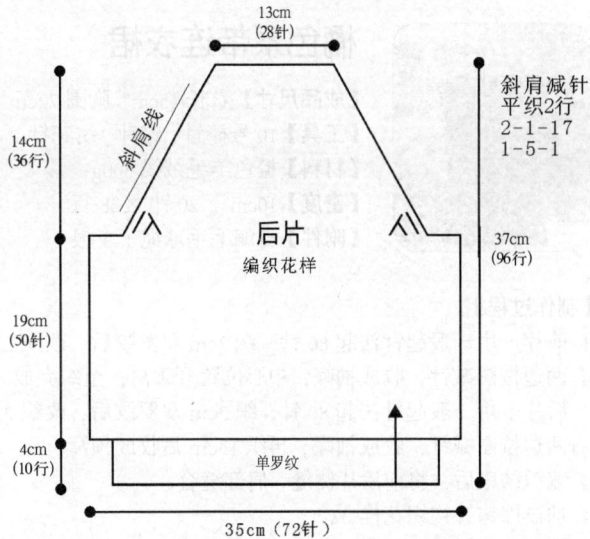

13cm
(28针)

斜肩减针
平织2行
2-1-17
1-5-1

14cm
(36行)

斜肩线

后片
编织花样

37cm
(96行)

19cm
(50针)

4cm
(10行)

单罗纹

35cm（72针）

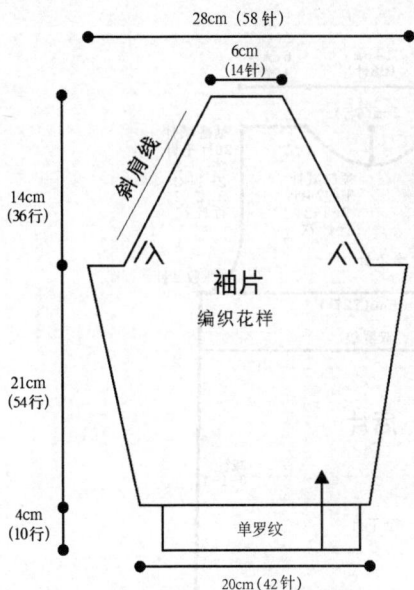

28cm（58针）

6cm
(14针)

斜肩减针
平织2行
2-1-17
1-5-1
袖下加针
平织8行
6-1-8

14cm
(36行)

斜肩线

袖片
编织花样

21cm
(54行)

4cm
(10行)

单罗纹

20cm（42针）

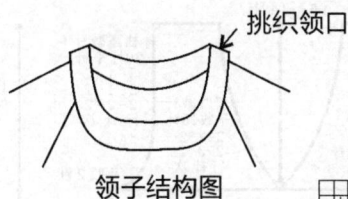

挑织领口

领子结构图

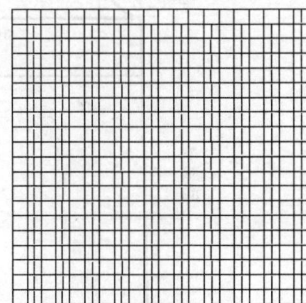

单罗纹

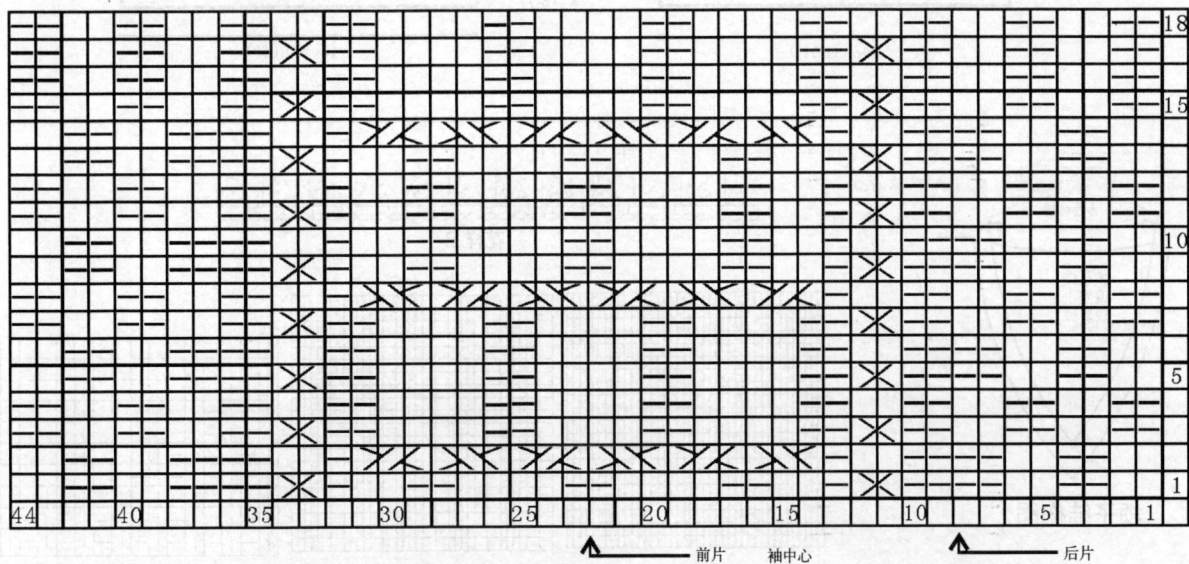

花样

前片　袖中心　后片

149

橘色系带连衣裙

【成品尺寸】衣长 45cm　胸围 72cm
【工具】10 号棒针　钩针　绣花针
【材料】橙色羊毛绒线 300g
【密度】10cm² : 20 针 ×28 行
【附件】自编毛毛球绳子 1 根

【制作过程】

1. 前片：用一般起针法起 80 针，织 3cm 双罗纹后，改织 22cm 全下针，侧缝按图减针，再织 5cm 双罗纹，再改织全下针，同时左右两边按图减针，收成袖窿，中心位置开领窝，至织完成。

2. 后片：用一般起针法起 80 针，织 3cm 双罗纹后，改织 22cm 全下针，侧缝按图减针，再织 5cm 双罗纹，再改织全下针，同时左右两边按图减针，收成袖窿，再织 13cm 后收成领窝。

3. 编织结束后，将前后片侧缝、肩部缝合。

4. 袖口用钩针钩织花样 B。

5. 领圈按花样 A 织 3cm 双罗纹。

6. 装饰：穿好自编的毛毛球。

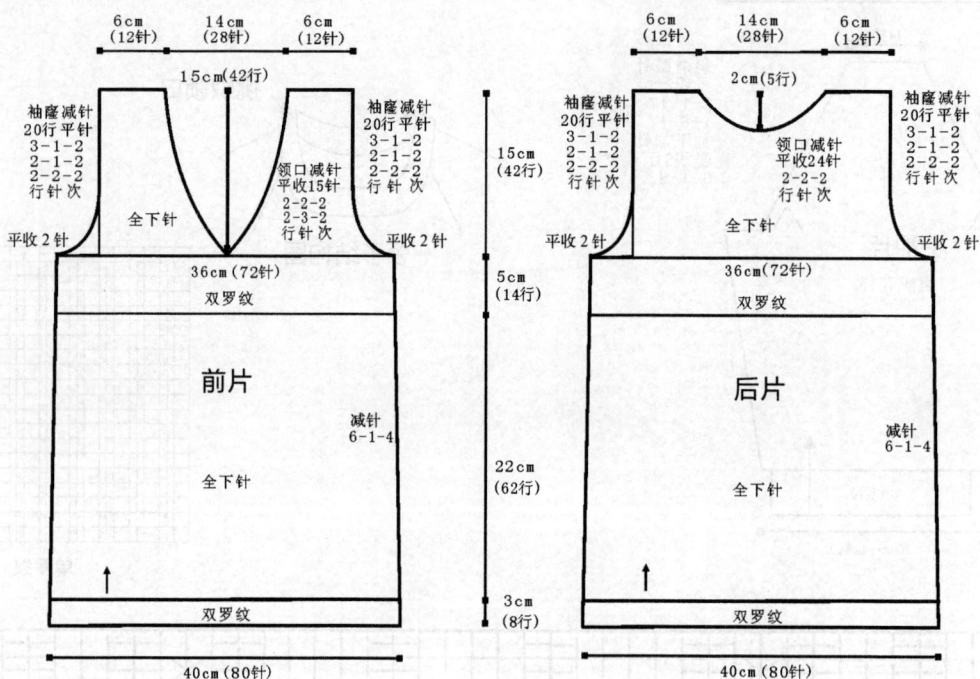

花样 B

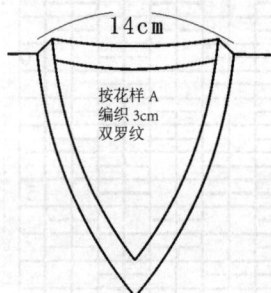
领子结构图

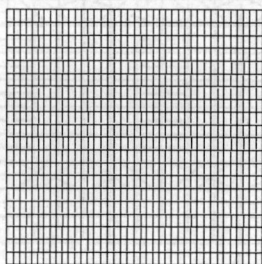
全下针

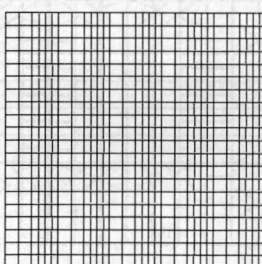
双罗纹

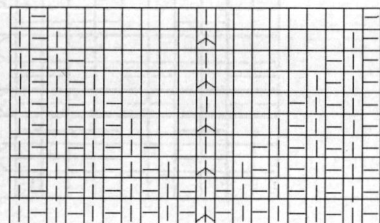
花样 A

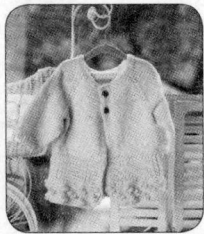

纯白色中袖开衫

【成品尺寸】衣长 42cm　胸围 74cm　袖长 40cm
【工具】10 号棒针　绣花针
【材料】白色羊毛绒线 350g
【密度】10cm² : 20 针 ×28 行
【附件】纽扣 2 枚

【制作过程】

1. 从领圈往下编织，用一般起针法起 92 针，先织 3cm 花样 C，作为领子，然后继续织全下针，并开始分前后片和袖片，前后片和袖片之间各留 2 针，并按花样 D 在 2 针旁边各加 1 针，按编织方向，前片分左右两片编织，前片和后片织至 18cm 全下针时，前片留 6 针作为织单罗纹的门襟，然后都改织 3cm 花样 A 和花样 B，作为衣脚。袖片袖下按图减针，织 22cm 全下针后改织 3cm 花样 C。
2. 用绣花针缝上纽扣。

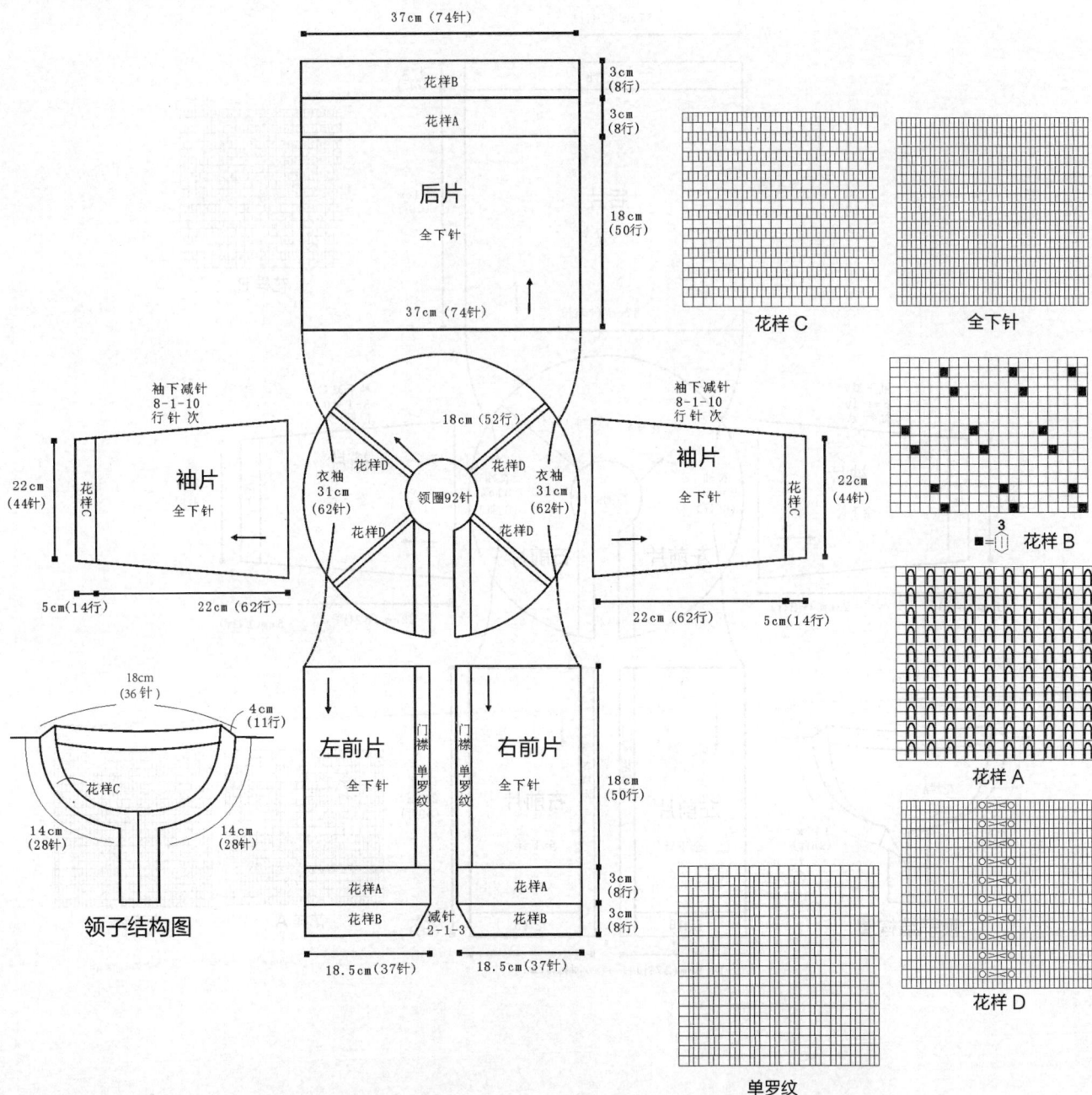

37cm（74针）

花样B　3cm（8行）

花样A　3cm（8行）

后片
全下针
18cm（50行）

37cm（74针）

花样 C

全下针

花样 B

■=1 3 花样 B

袖下减针
8-1-10
行针 次

袖片
全下针

花样C
22cm（44针）

5cm（14行）　22cm（62行）

18cm（52行）

衣袖 31cm（62针）

花样D

领圈92针

花样D

袖下减针
8-1-10
行针 次

袖片
全下针

花样C
22cm（44针）

22cm（62行）　5cm（14行）

花样 A

花样 D

单罗纹

18cm（36针）

4cm（11行）

花样C

14cm（28针）　14cm（28针）

领子结构图

左前片
全下针

门襟单罗纹

门襟单罗纹

右前片
全下针

18cm（50行）

花样A　3cm（8行）

花样B　减针2-1-3　3cm（8行）

18.5cm（37针）　18.5cm（37针）

喜洋洋图案套装 (外套)

【成品尺寸】衣长 42cm 胸围 74cm 袖长 40cm
【工具】10 号棒针 绣花针
【材料】黄色羊毛绒线 300g
【密度】$10cm^2$: 20 针 ×28 行
【附件】纽扣 4 枚 布饰 2 片

【制作过程】

1. 上衣是从领圈往下编织，用一般起针法起 50 针，每行加 6 针，加至 92 针，作为领子，然后按花样 A 加针，织至 18cm 时，开始分前后片和袖片，按编织方向，前片和后片织至 21cm 的全下针时，改织 3cm 花样 B，前片留 6 针作为织花样 B 的门襟，袖片袖下按图减针，织 22cm 全下针后，改织 5cm 花样 B。

2. 装饰：缝上纽扣和布饰。

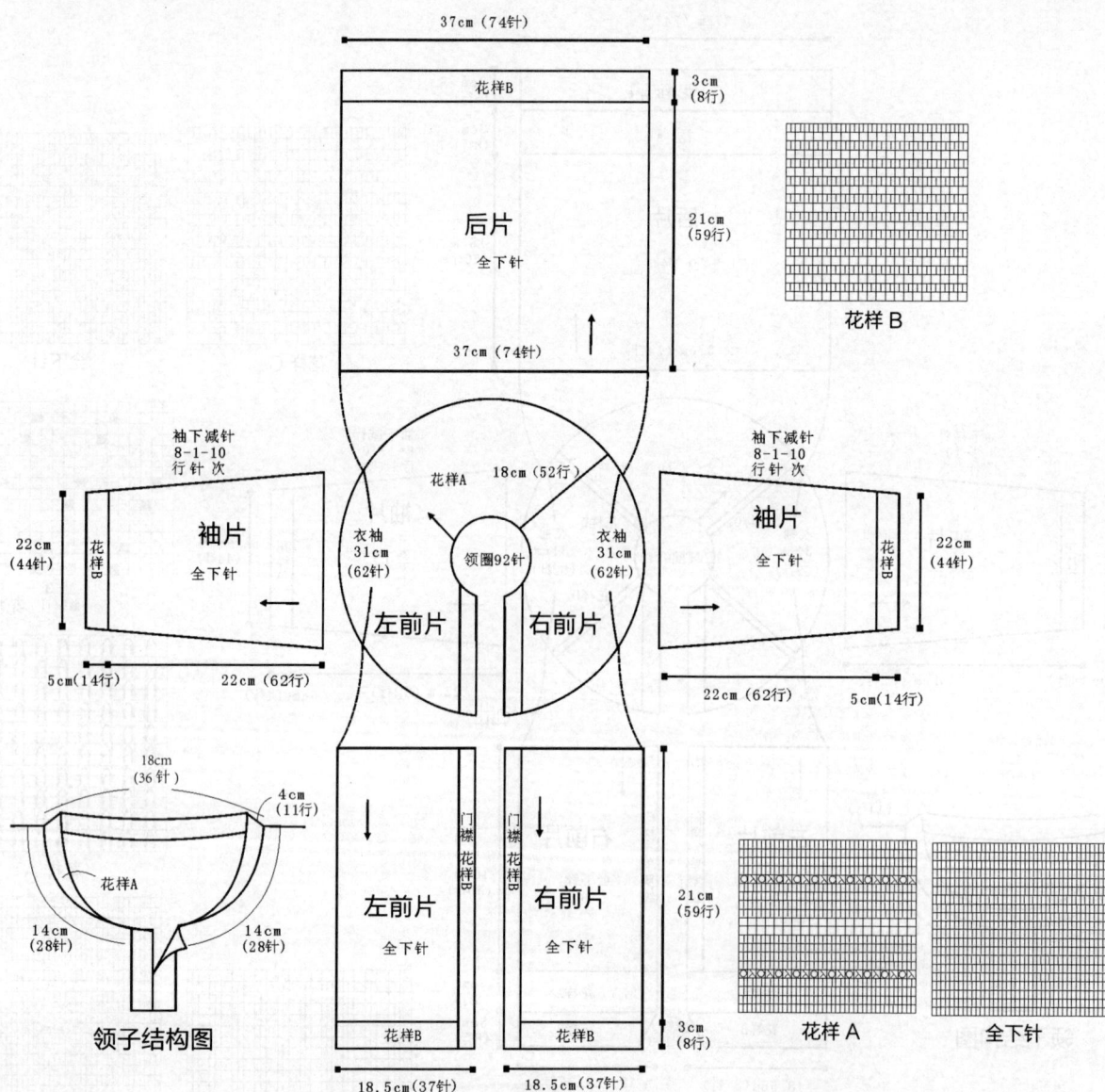

37cm (74针)

花样B

3cm
(8行)

后片
全下针

21cm
(59行)

37cm (74针)

花样 B

袖下减针
8-1-10
行针次

花样A   18cm (52行)

衣袖
31cm
(62针)

领圈92针

衣袖
31cm
(62针)

袖下减针
8-1-10
行针次

22cm
(44针)

花样B

袖片
全下针

袖片
全下针

花样B

22cm
(44针)

5cm(14行)   22cm (62针)

左前片   右前片

22cm (62针)   5cm(14行)

18cm
(36针)

4cm
(11行)

花样A

14cm
(28针)

14cm
(28针)

领子结构图

门襟花样B

门襟花样B

左前片
全下针

右前片
全下针

21cm
(59行)

花样B

花样B

3cm
(8行)

18.5cm(37针)   18.5cm(37针)

花样 A

全下针

喜洋洋图案套装（背心裙）

【成品尺寸】衣长 42cm　胸围 80cm
【工具】10 号棒针　绣花针
【材料】黄色羊毛绒线 300g
【密度】10cm² : 20 针 ×28 行
【附件】布饰 1 枚

【制作过程】

1. 前片：按图起 80 针，织 2cm 花样 B 后，改织全下针，织至 25cm 时左右两边开始按图收成袖窿，同时改织花样 A，再织 9cm 开领窝至织完成。

2. 后片：织法与前片一样，只是须按图开领窝。

3. 编织结束后，将前后片侧缝、肩部缝合。

4. 领圈挑 70 针，织 2cm 双罗纹，形成圆领。两个袖口挑适合针数，织 2cm 双罗纹。

5. 缝上布饰。

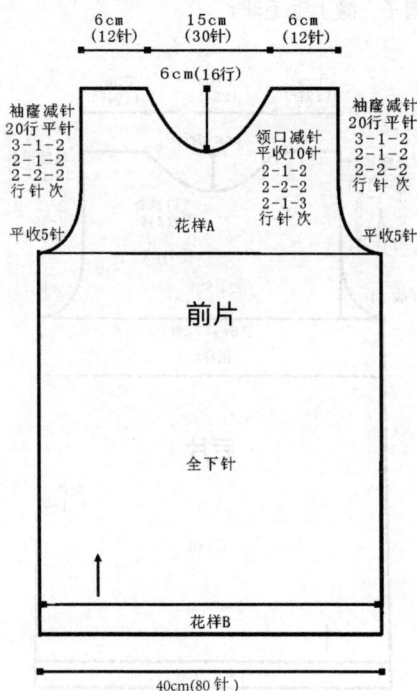

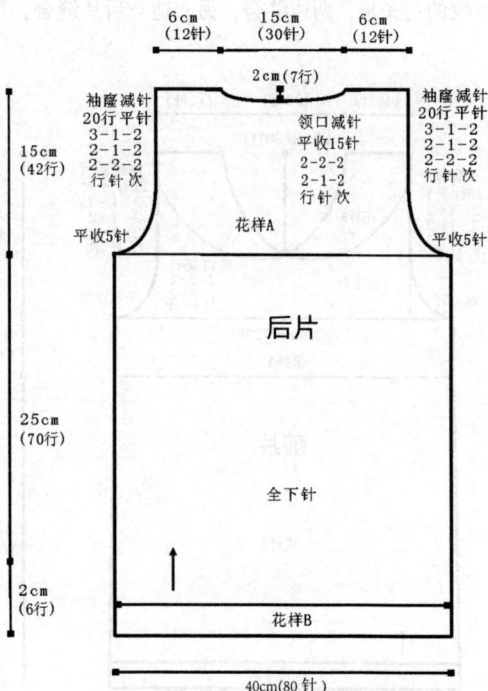

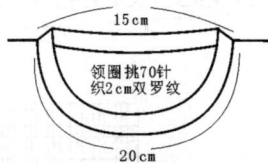

领子结构图

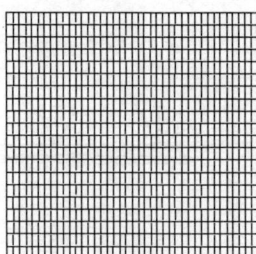

全下针

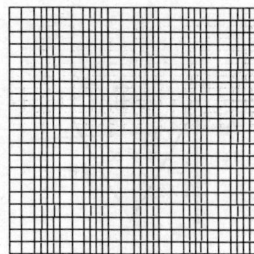

双罗纹

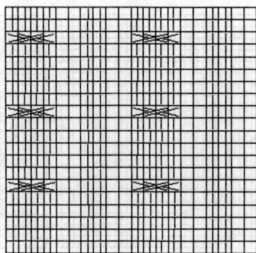

花样 A

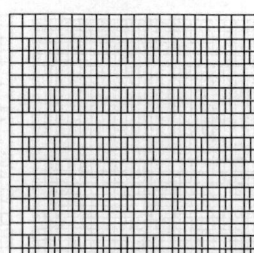

花样 B

活泼带帽连衣裙

【成品尺寸】衣长 45cm　胸围 72cm

【工具】10 号棒针　钩针　绣花针

【材料】绿色羊毛绒线 300g

【密度】10cm²：20 针 ×28 行

【附件】自做的毛毛球 1 个

【制作过程】

1. 前片：用一般起针法起 80 针，织 3cm 来回下针后，改织 22cm 花样 B，侧缝按图减针，再织 5cm 花样 A，再改织全下针，领边织花样 A，同时左右两边按图减针，收成袖窿，中心位置开领窝，至织完成。

2. 后片：用一般起针法起 80 针，织 3cm 来回下针后，改织 22cm 花样 B，侧缝按图减针，再织 5cm 花样 A，再改织全下针，同时左右两边按图减针，收成袖窿，再织 13cm 后收成领窝。

3. 编织结束后，将前后片侧缝、肩部缝合。

4. 袖口和领口用钩针钩织花样 C。

5. 帽子另织两片单罗纹的三角形，两边缝合，另一边与后片缝合，形成帽子，缝上毛毛球。

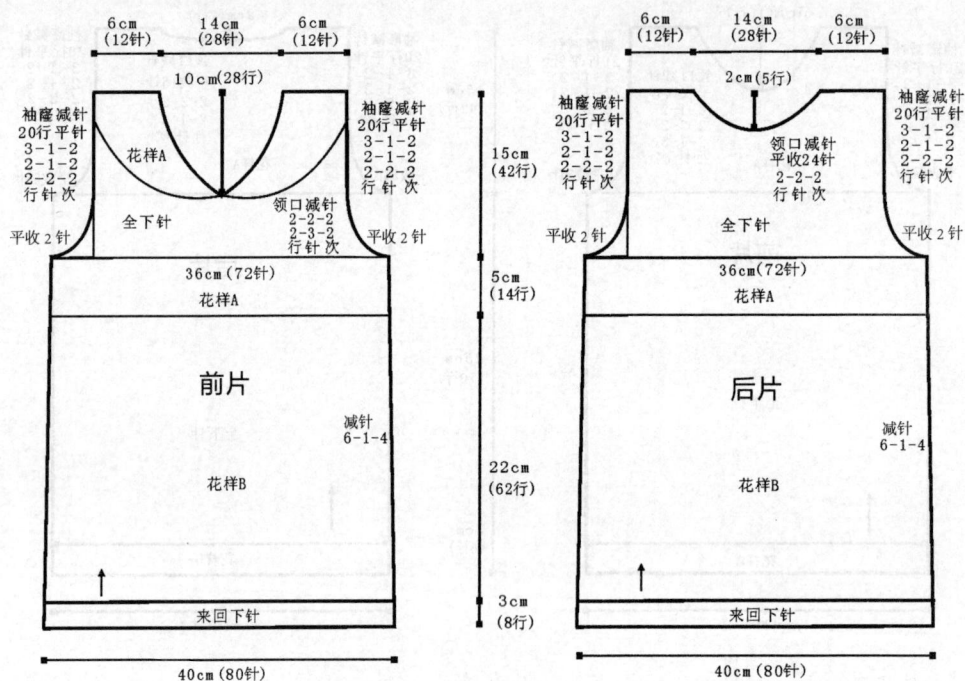

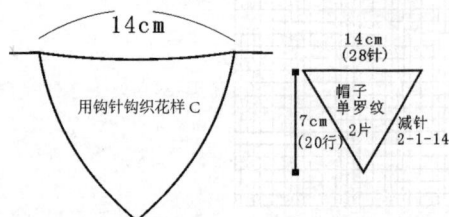

领子结构图

花样 C

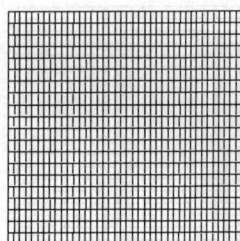

全下针

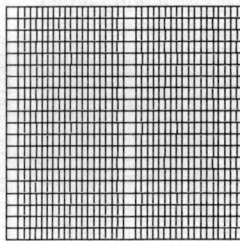

花样 B

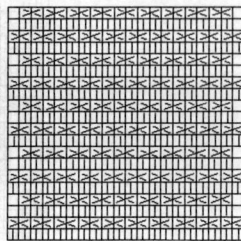

花样 A

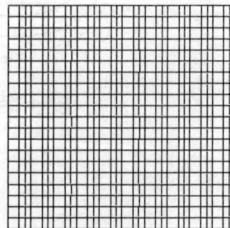

单罗纹

清新活泼背心裙

【成品尺寸】衣长 42cm　胸围 80cm
【工具】10 号棒针　钩针　绣花针
【材料】白色段染羊毛绒线 300g　绿色羊毛绒线少许
【密度】10cm² : 20 针 ×28 行

【制作过程】

1. 前片:按图用机器边起针法起 80 针,织 2cm 花样 C 后,改织花样 B,织至 25cm 时左右两边开始按图收成袖窿,同时改织花样 A,再织 6cm 开领窝至织完成。

2. 后片:织法与前片一样,只是须按图开领窝。

3. 编织结束后,将前后片侧缝、肩部缝合。

4. 领圈、袖口和下摆用钩针和绿色线钩织花样 D。

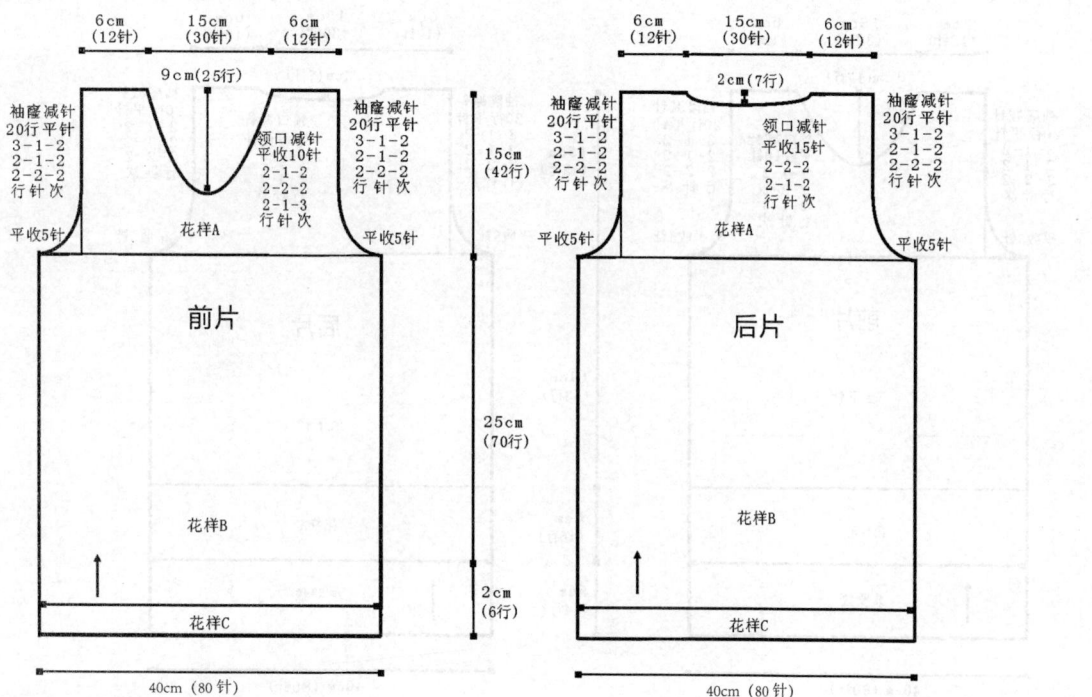

前片

后片

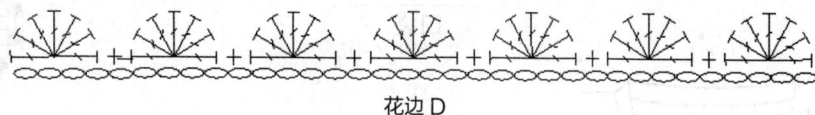

花边 D

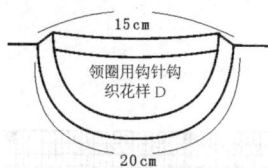

领子结构图

花样 C

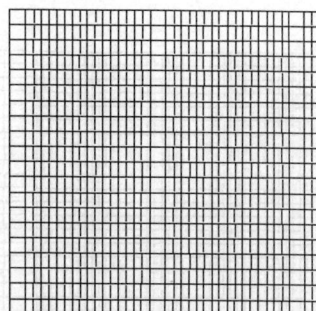

花样 B

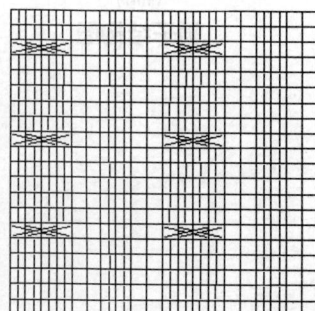

花样 A

可爱口袋无袖毛衣

【成品尺寸】衣长 45cm　胸围 80cm
【工具】10 号棒针
【材料】玫红色羊毛绒线 300g
【密度】10cm² : 20 针 ×28 行

【制作过程】

1. 前片：按图用机器边起针法起 80 针，织 5cm 单罗纹后，改织 6cm 花样 A，再改织全下针，织至 19cm 时左右两边开始按图收成袖隆，再织 9cm 开领窝至织完成。

2. 后片：织法与前片一样，只是须按图开领窝。

3. 编织结束后，将前后片侧缝、肩部缝合。

4. 领圈挑 80 针，织 5cm 单罗纹，形成圆领，两袖口挑适合针数，织 5cm 单罗纹。

5. 口袋按花样 B 另织，按图缝合。

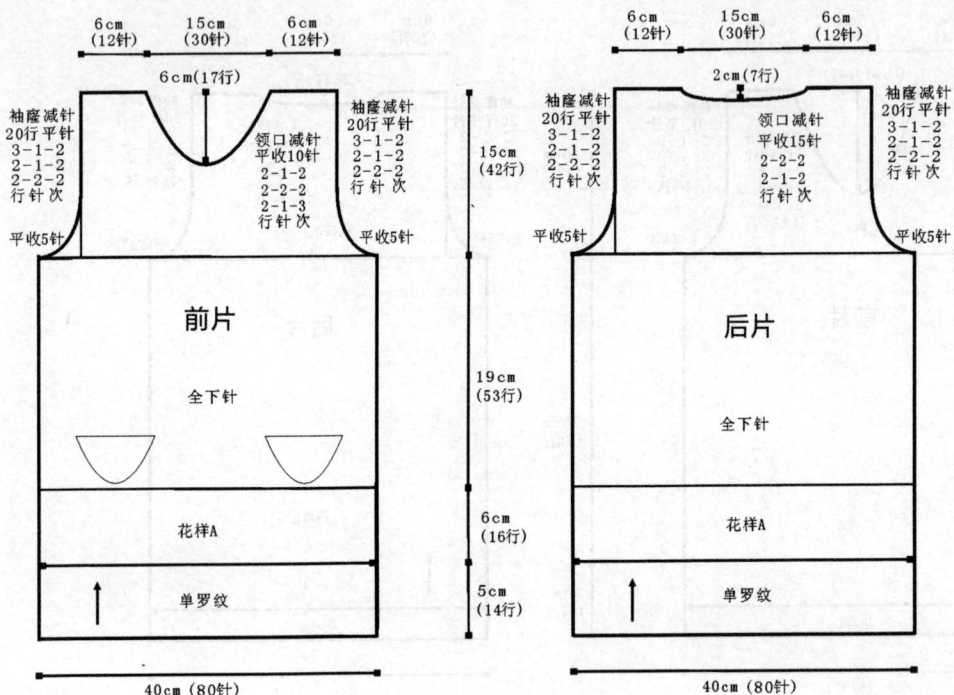

6cm (12针)	15cm (30针)	6cm (12针)

6cm(17行)

袖窿减针
20行平针
3-1-2
2-1-2
2-2-2
行针次

领口减针
平收10针
2-1-2
2-2-2
2-1-3
行针次

袖窿减针
20行平针
3-1-2
2-1-2
2-2-2
行针次

平收5针　　平收5针

前片

全下针

花样A

单罗纹

40cm（80针）

6cm (12针)	15cm (30针)	6cm (12针)

2cm(7行)

袖窿减针
20行平针
3-1-2
2-1-2
2-2-2
行针次

领口减针
平收15针
2-2-2
2-1-2
行针次

袖窿减针
20行平针
3-1-2
2-1-2
2-2-2
行针次

平收5针　　平收5针

后片

全下针

花样A

单罗纹

40cm（80针）

15cm（42行）

19cm（53行）

6cm（16行）

5cm（14行）

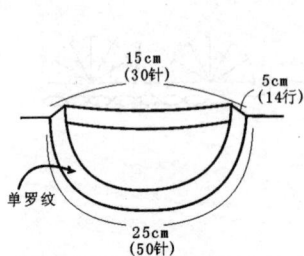

15cm（30针）　5cm（14行）

单罗纹

25cm（50针）

领子结构图

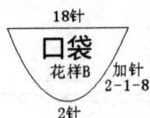

18针

口袋
花样B

加针
2-1-8

2针

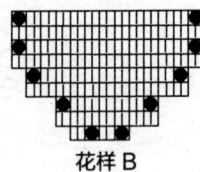

花样B

全下针　　　　单罗纹　　　　花样A

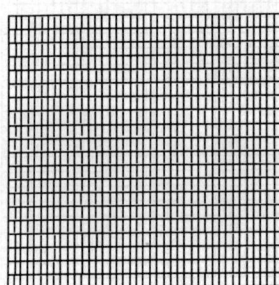 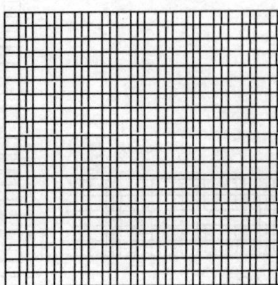 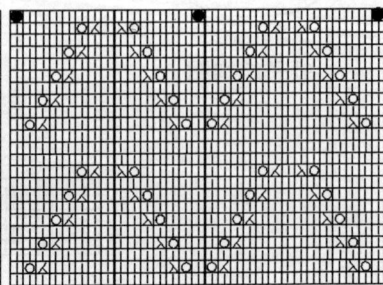

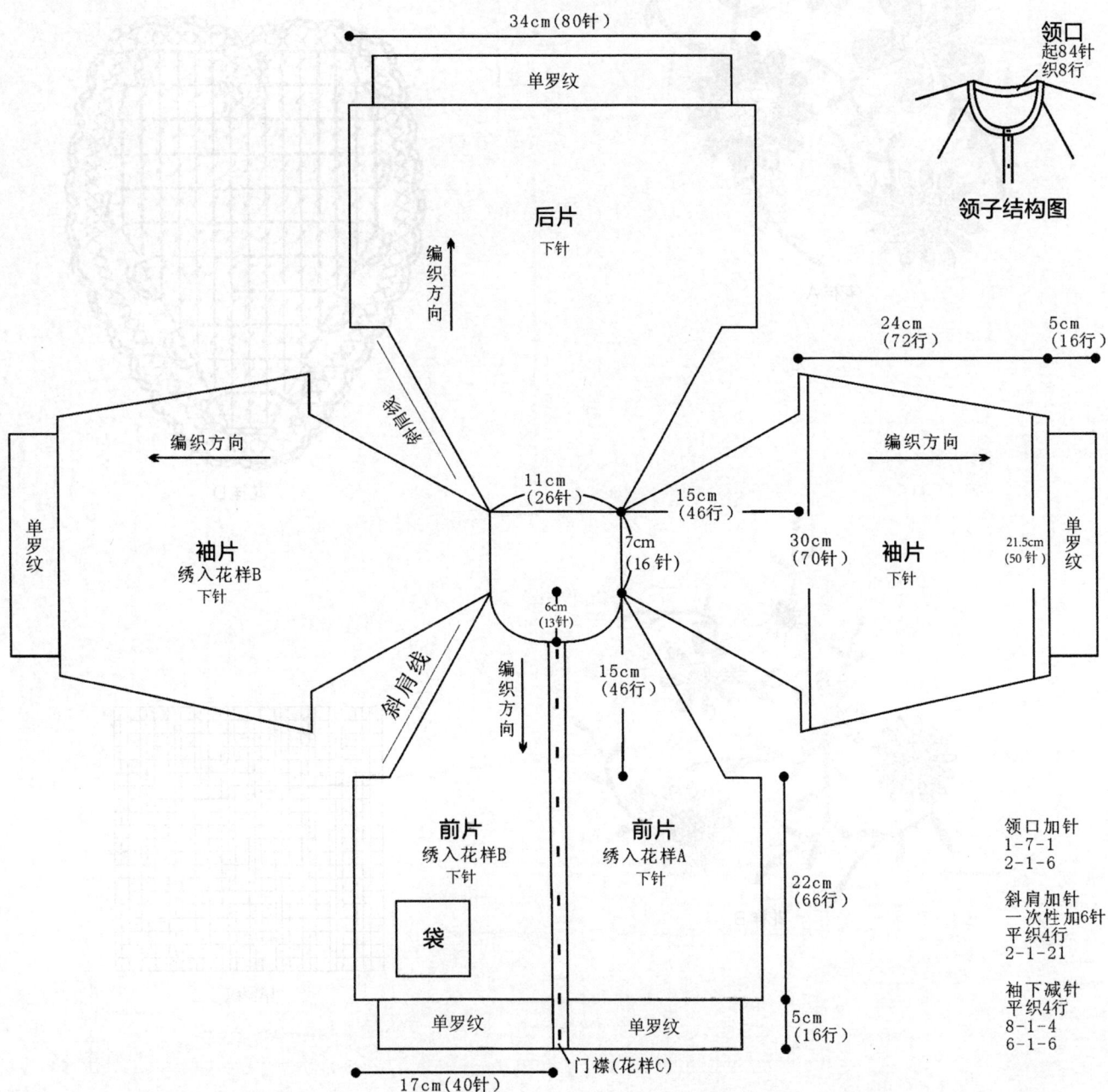

五彩花朵外套

【成品尺寸】衣长 42cm 胸围 18cm 袖长 44cm

【工具】8 号棒针 9 号棒针 绣花针 钩针

【材料】黄色粗毛线 350g 红色、白色、橘黄色、蓝色、紫色、翠绿色粗毛线各少许

【密度】10cm² : 23 针 ×30 行

【制作过程】

1. 衣片从上往下织，先用 9 号棒针和黄色毛线起 84 针 (后领 26 针，袖各 16 针，前领各 13 针)，织单罗纹 8 行，换 8 号棒针织下针，开始斜肩加针，加针方法如图，斜肩加针的同时对领口进行加针，当斜肩织到 15cm 时，后片 80 针，前片各 40 针，袖各 70 针。先织后片，从腋下往下摆织下针 22cm，换 9 号棒针织 5cm 单罗纹，收针断线。前片织法同后片。

2. 袖片：从腋下往袖口织，用 8 号棒针织下针 24cm，按图减针至 50 针，换 9 号棒针，织 5cm 单罗纹收针断线。

3. 缝合前后片的侧缝和袖下线。

4. 门襟钩织花样 C。

5. 在相应的位置用红色、白色、橘黄色、蓝色、紫色、翠绿色线绣上花样 A、花样 B。

6. 按花样 D 钩织口袋，并缝合。

34cm(80针)

单罗纹

后片
下针

编织方向

斜肩线

领口
起84针
织8行

领子结构图

24cm
(72行)

5cm
(16行)

编织方向

11cm
(26针)

15cm
(46行)

7cm
(16针)

30cm
(70针)

袖片
下针

21.5cm
(50针)

单罗纹

编织方向

单罗纹

袖片
绣入花样B
下针

斜肩线

6cm
(13针)

编织方向

15cm
(46行)

前片
绣入花样B
下针

前片
绣入花样A
下针

袋

22cm
(66行)

单罗纹

单罗纹

5cm
(16行)

门襟(花样C)

17cm(40针)

领口加针
1-7-1
2-1-6

斜肩加针
一次性加6针
平织4行
2-1-21

袖下减针
平织4行
8-1-4
6-1-6

花样 A

花样 C

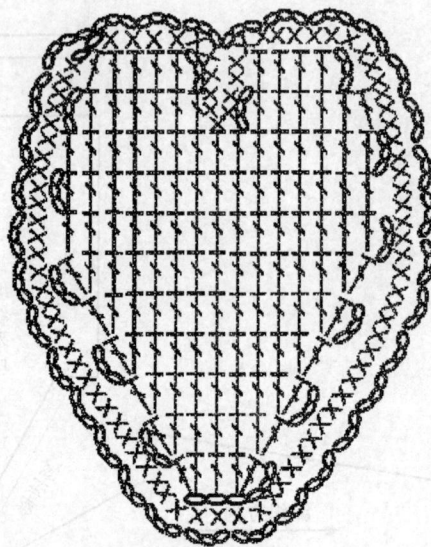

花样 D

花样 B

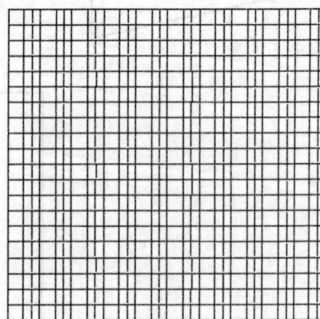

单罗纹

梦幻优雅公主裙

【成品尺寸】衣长 42cm 胸围 80cm

【工具】10 号棒针 钩针 绣花针

【材料】深黄色羊毛绒线 300g 浅黄色线少许

【密度】10cm² : 20 针 ×28 行

【制作过程】

1. 前片：用深黄色羊毛绒线，按图用机器边起针法起 80 针，织全下针后，织至 6cm 时左右两边开始按图收成袖窿，再织 8cm 开领窝织至完成。

2. 后片：织法与前片一样，只是须按图开领窝。

3. 编织结束后，将前后片侧缝、肩部缝合。

4. 下摆另织，起 148 针，织 21cm 花样 A，按图将 a 与 b 缝合，下边不缝，再与前后片于中心点偏左处缝合。

5. 领圈挑 70 针，织 2cm 双罗纹。

6. 装饰：两袖口和下摆用钩针和浅黄色线按花样 C 钩织花边，按花样 B 钩织小花用于装饰，按花样 D 织蝴蝶结，缝在下摆开口上方。

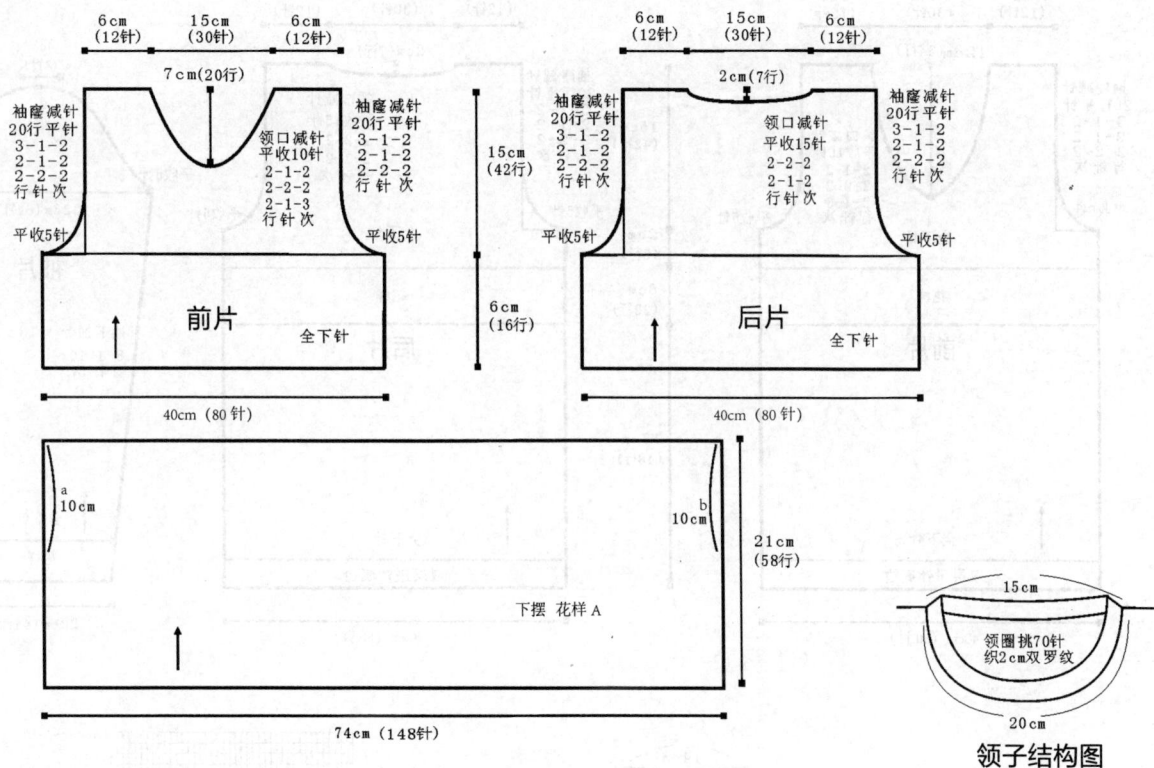

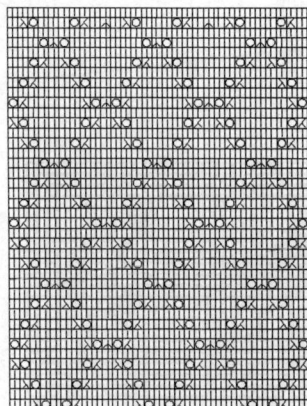

花样 A

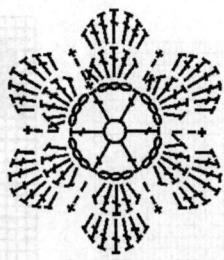

花样 B

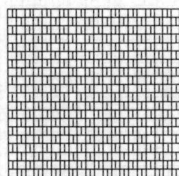

花样 D

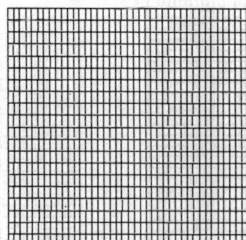

全下针

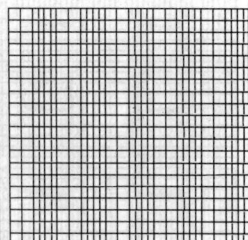

双罗纹

花样 C

淑女花边连衣裙

【成品尺寸】衣长 42cm　胸围 80cm　袖长 36cm
【工具】10 号棒针　绣花针
【材料】黄色羊毛绒线 400g　深棕色线少许
【密度】10cm² : 20 针 ×28 行

【制作过程】

1. 前片：用深棕色线起 80 针，先织双层平针底边后，改用黄色线织 17cm 全下针，又改织 8cm 花样，再改织 2cm 全下针时，左右两边开始按图收成袖窿，再织 3cm 开领窝至织完成。

2. 后片：织法与前片一样，只是须按图开领窝。

3. 袖片：用黄色线起 44 针，织 5cm 花样后，改织全下针，袖下图加针，织至 22cm 时按图示均匀减针，收成袖山。

4. 编织结束后，将前后片侧缝、肩部、袖片缝合。

5. 领圈挑 98 针，织 1cm 单罗纹，并加针织全下针，形成花边 V 领。

6. 用绣花针按十字绣的绣法绣上花样图案。

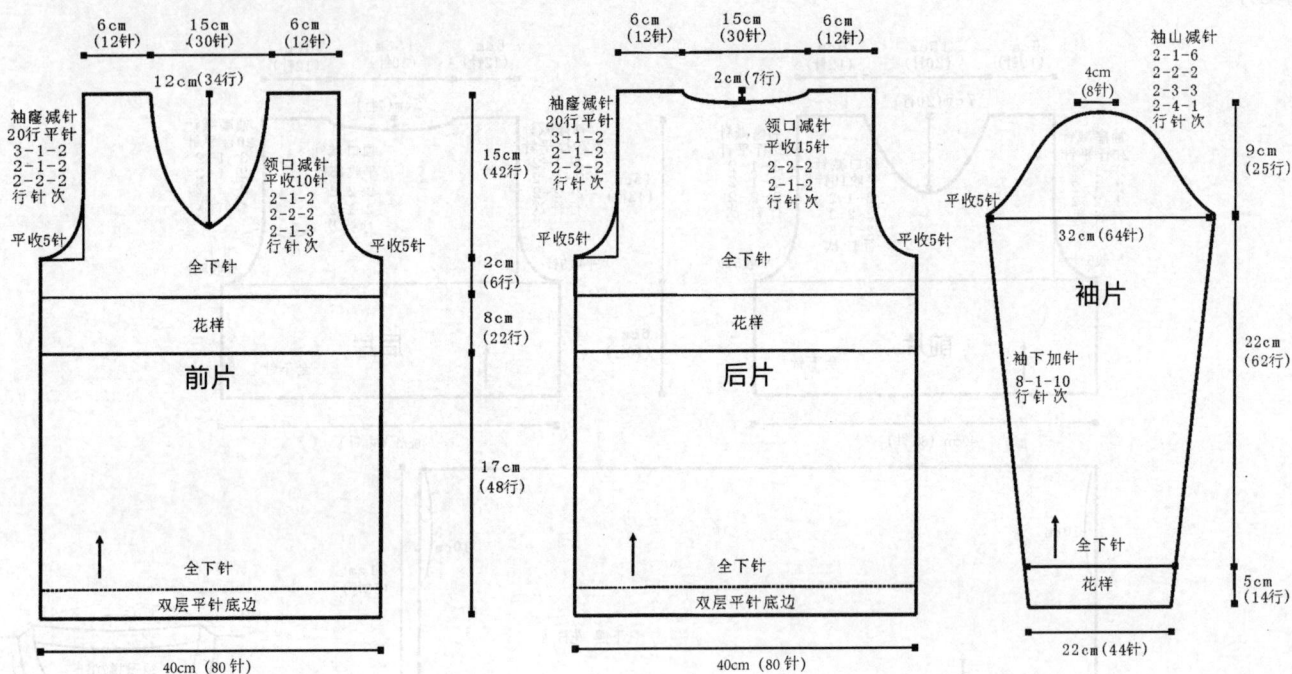

领子结构图

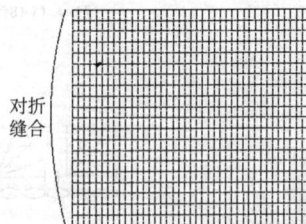

双层平针底边

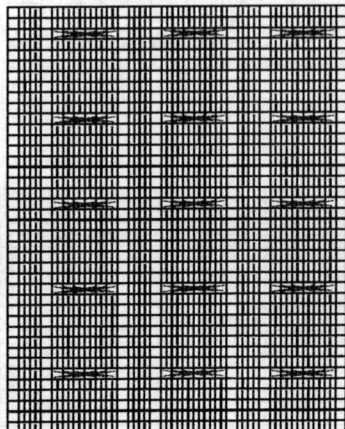

花样

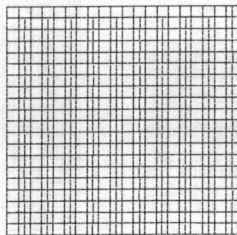

单罗纹

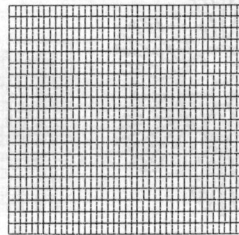

全下针

花样图案

■

波浪纹带扣毛衣

【成品尺寸】衣长 50cm　胸围 74cm　袖长 50cm
【工具】7 号棒针　8 号棒针　绣花针
【材料】紫红色毛线 450g
【密度】10cm² : 18 针 ×24 行
【附件】纽扣 3 枚

【制作过程】

1. 后片：用 8 号棒针和紫红色毛线起 66 针，织单罗纹 4cm，换 7 号棒针织花样，不加不减针织 28cm 到腋下，开始斜肩减针，先在两侧平收 6 针，然后每 2 行收 1 针，收 10 次，如图，留 35 针，收针断线。

2. 前片：用 8 号棒针和紫红色毛线起 66 针，织单罗纹 4cm，换 7 号棒针织花样，不加不减针织 28cm 到腋下，开始斜肩减针，先在两侧平收 6 针，然后每 2 行收 1 针，收 10 次，如图，留 35 针，收针断线。

3. 袖片：用 8 号棒针和紫红色毛线起 36 针，织单罗纹 4cm，换 7 号棒针编织花样，如图均匀加针织 28cm 到腋下，开始斜肩减针，减针方法如图，留 18 针，收针断线。

4. 缝合前后片的侧缝、袖下线和斜肩线。

5. 领子：用 7 号棒针和紫红色毛线起 20 针，织搓板针 12 行，换织花样，按图示织至内圆 45cm、外圆 52cm，并在相应位置留扣眼，与衣片缝合。

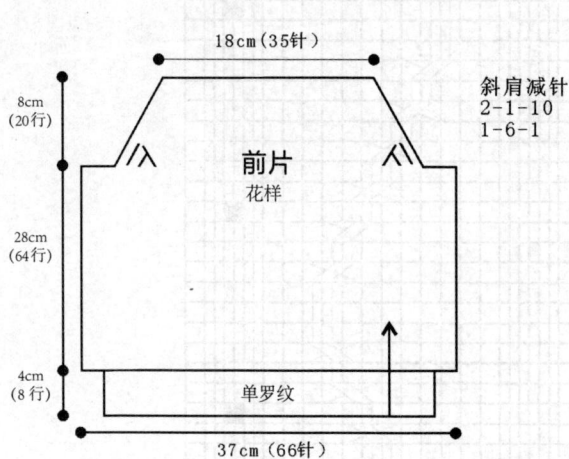

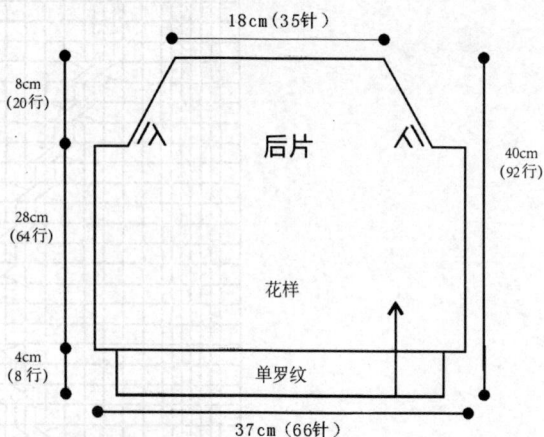

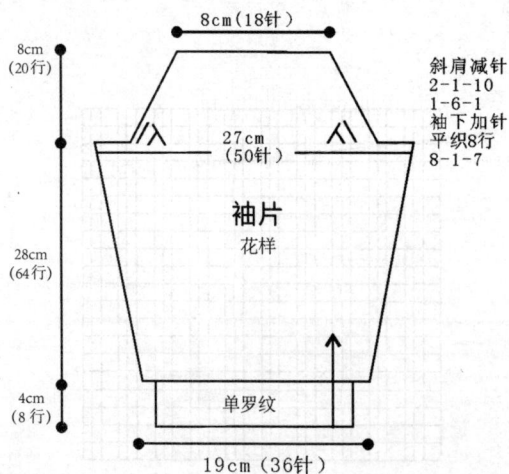

6. 缝上纽扣。

18cm（35针）

斜肩减针
2-1-10
1-6-1

8cm（20行）

前片
花样

28cm（64行）

4cm（8行）　单罗纹

37cm（66针）

18cm（35针）

8cm（20行）

后片
花样

40cm（92行）

28cm（64行）

4cm（8行）　单罗纹

37cm（66针）

8cm（18针）

斜肩减针
2-1-10
1-6-1
袖下加针
平织8行
8-1-7

8cm（20行）

27cm（50针）

袖片
花样

28cm（64行）

4cm（8行）　单罗纹

19cm（36针）

领缝合

重叠缝合

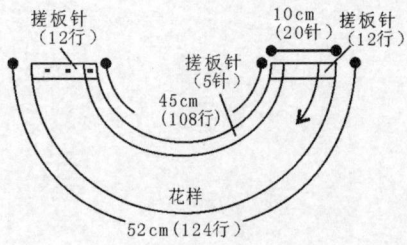

搓板针
（12行）
10cm
（20针）
搓板针
（12行）
搓板针
（5针）
45cm
（108行）
花样
52cm（124行）

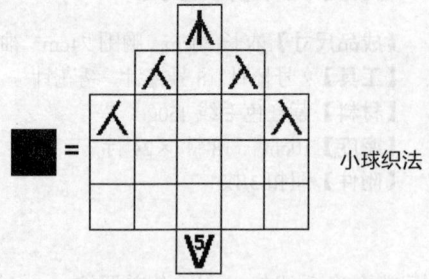

小球织法

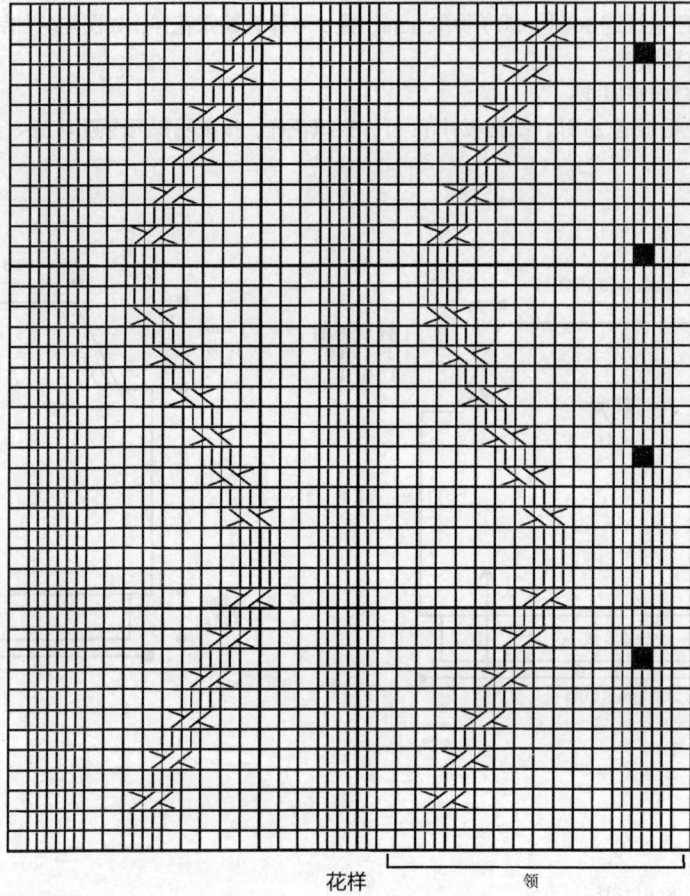

花样　　　领

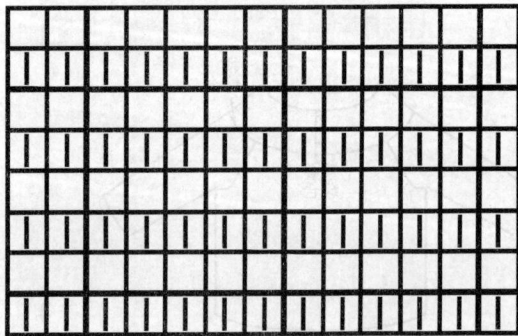

搓板针

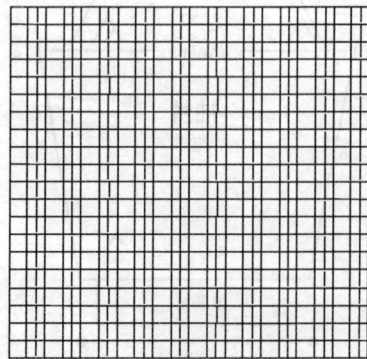

单罗纹

麻花纹花边背心

【成品尺寸】衣长 37cm 胸围 70cm
【工具】10 号棒针 钩针 绣花针
【材料】灰色羊毛绒线 300g 玫红色线少许
【密度】10cm² : 20 针 ×28 行

【制作过程】

1.前片：用灰色羊毛绒线，按图起 70 针，织 4cm 双罗纹后，改织花样 B，织至 18cm 时改织花样 A，左右两边开始按图收成袖窿，并同时开领窝至织完成。

2.后片：织法与前片一样，只是须按图开领窝。

3.编织结束后，将前后片侧缝、肩部缝合。

4.领圈用钩针钩织花样 C，形成花边 V 领。两个袖口同样用钩针钩织花样 C。

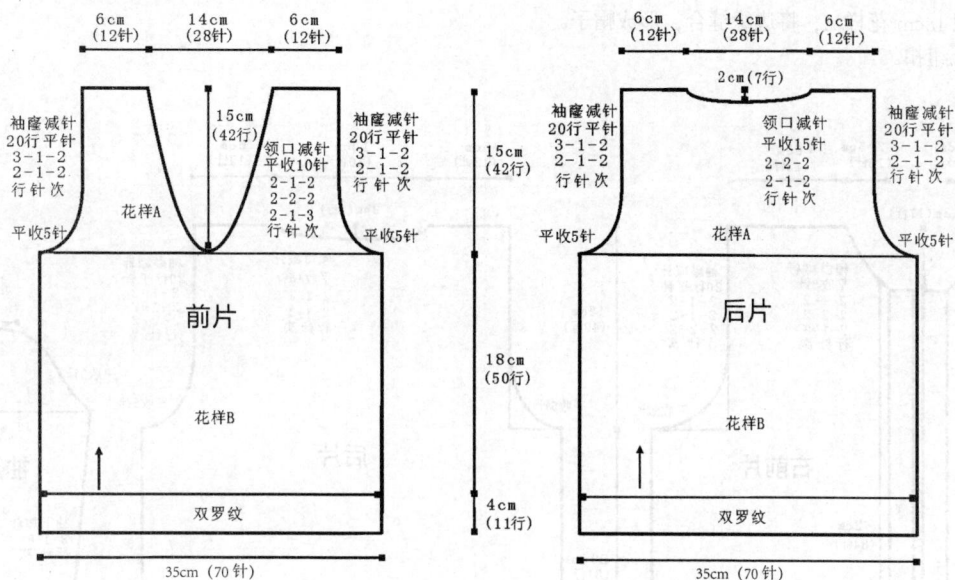

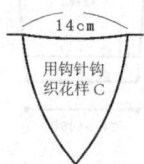

领子结构图

花样 C

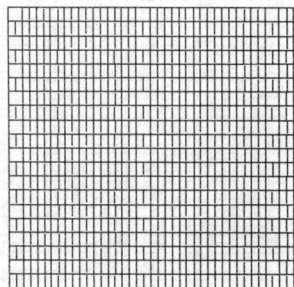

花样 A

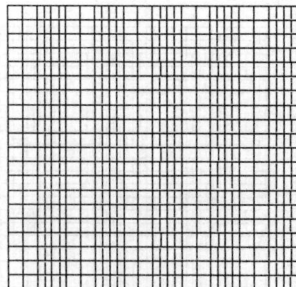

双罗纹

花样 B

麻花纹连帽外套

【成品尺寸】衣长 48cm　胸围 80cm　袖长 42cm

【工具】10 号棒针　绣花针

【材料】粉红色羊毛绒线 400g

【密度】$10cm^2$：20 针 ×28 行

【附件】纽扣 5 枚

【制作过程】

1. 前片：分左右两片，左前片按图起 40 针，织 4cm 全下针后，改织花样 A，织至 29cm 时左右两边开始按图收成袖窿，再织 9cm 开领窝至织完成。用同样方法对应织右前片。

2. 后片：按图起 80 针，织 4cm 全下针后，改织花样 A，织至 29cm 时左右两边开始按图收成袖窿，再织 13cm 开领窝至织完成。

3. 袖片：按图起 48 针，织 4cm 全下针后，改织花样 A，袖下按图加针，织至 29cm 时按图示均匀减针，收成袖山。

4. 编织结束后，将前后片侧缝、肩部、袖片缝合，门襟挑 84 针，织 4cm 花样 B。

5. 领圈用挑 135 针，织 18cm 花样 A，将边缘缝合，形成帽子。

6. 装饰：用绣花针缝上纽扣。

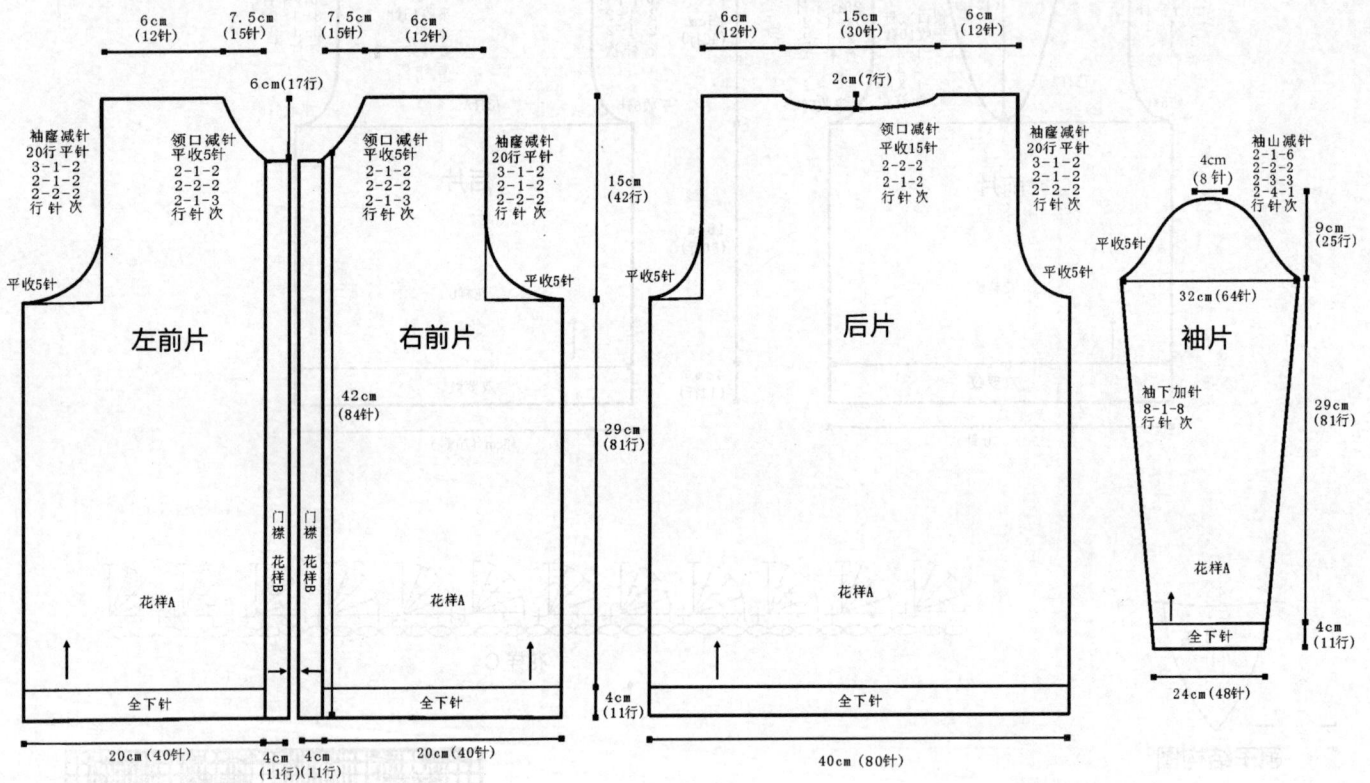

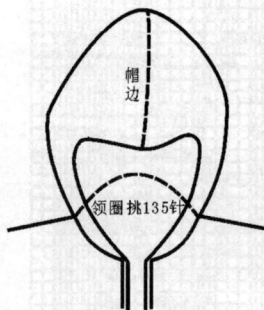

领子结构图

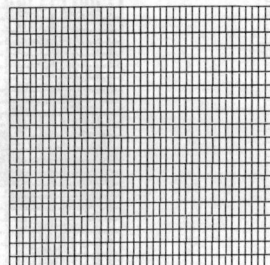

全下针

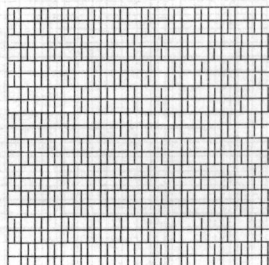

花样 B

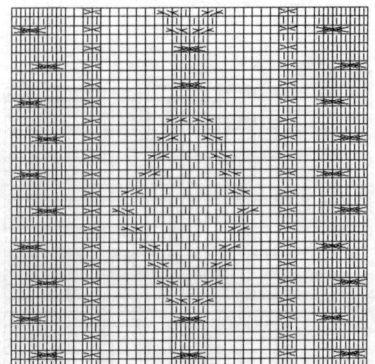

花样 A

蓝色竖条纹翻领外套

【成品尺寸】衣长 48cm　胸围 80cm　袖长 42cm
【工具】10 号棒针　绣花针
【材料】湖蓝色羊毛绒线 350g
【密度】10cm² : 20 针 ×28 行
【附件】纽扣 6 枚

【制作过程】

1. 前片：分左右两片，左前片按图起 40 针，织 8cm 双罗纹后，改织花样，织至 25cm 时左右两边开始按图收成袖窿，再织 9cm 开领窝至织完成。用同样方法对应织右前片。

2. 后片：按图起 80 针，织 8cm 双罗纹后，改织花样，织至 25cm 时左右两边开始按图收成袖窿，再织 13cm 开领窝至织完成。

3. 袖片：按图起 48 针，织 8cm 双罗纹后，改织花样，袖下按图加针，织至 25cm 时按图示均匀减针，收成袖山。

4. 编织结束后，将前后片侧缝、肩部、袖片缝合。门襟挑 84 针，织 4cm 单罗纹。

5. 领圈挑 103 针，织双罗纹至 4cm 时，两边各直加 16 针，继续织至 10cm，按图示缝合，形成翻领。

6. 装饰：用绣花针缝上纽扣。

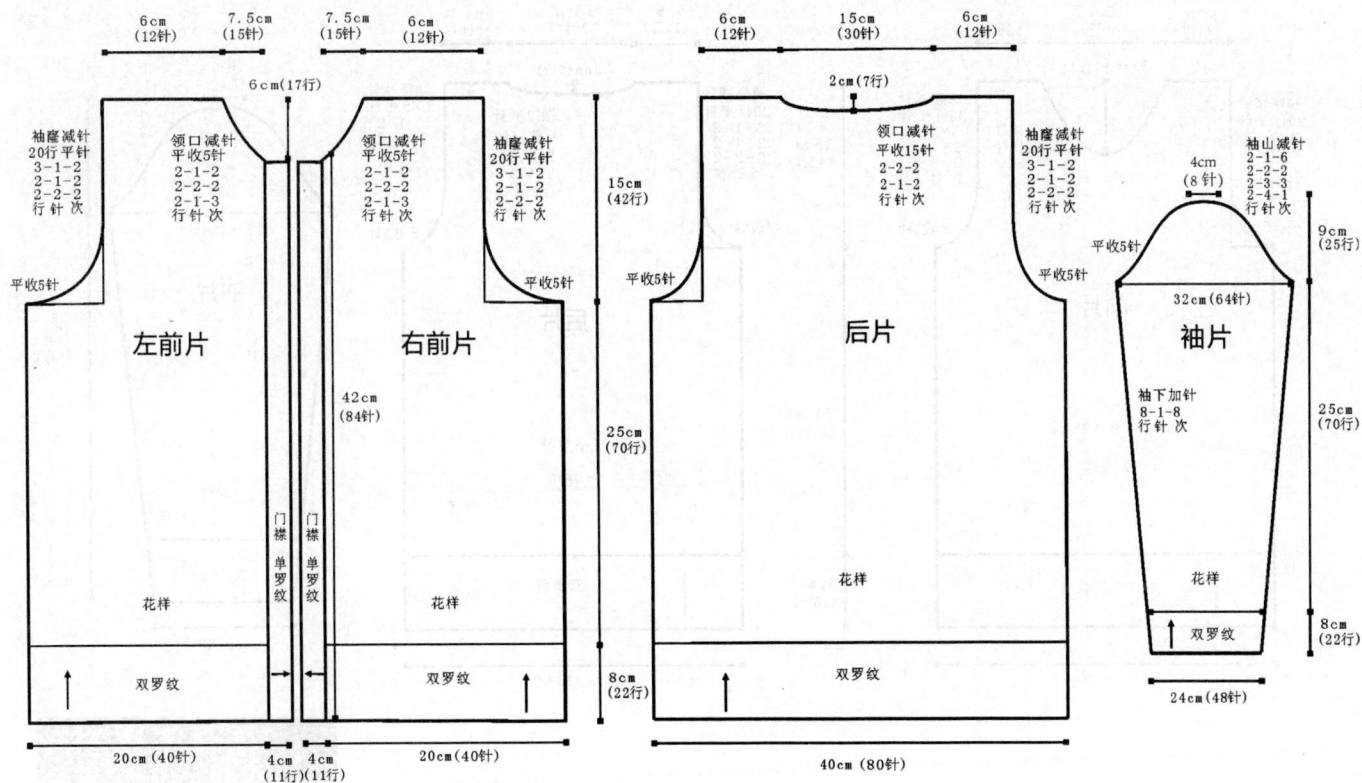

领子结构图

挑 103 针
加 16 针按
图示缝合

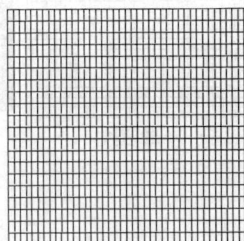

全下针

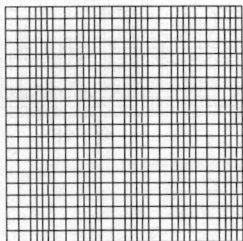

双罗纹

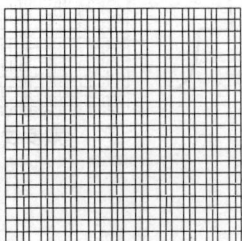

单罗纹

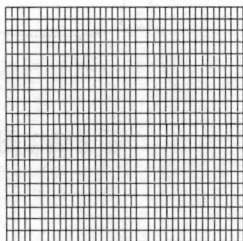

花样

红色套头毛衣

【成品尺寸】衣长 45cm　胸围 80cm　袖长 36cm
【工具】10 号棒针　绣花针
【材料】红色羊毛绒线 300g　灰色羊毛绒线 100g
【密度】10cm² : 20 针 ×28 行

【制作过程】
1. 前片：用灰色线按图用机器边起针法起 80 针，织 6cm 双罗纹后，改用红色线织全下针，并编入花样图案，织至 24cm 时左右两边开始按图收成袖窿，再织 9cm 开领窝至织完成。
2. 后片：织法与前片一样，只是须按图开领窝。
3. 袖片：用灰色线按图用机器边起针法起 48 针，织 6cm 双罗纹后，改用红色线织全下针，袖下按图加针，织至 21cm 按图示均匀减针，收成袖山。
4. 编织结束后，将前后片侧缝、肩部、袖片缝合。
5. 领圈挑 84 针，织 10cm 单罗纹，形成半高领。

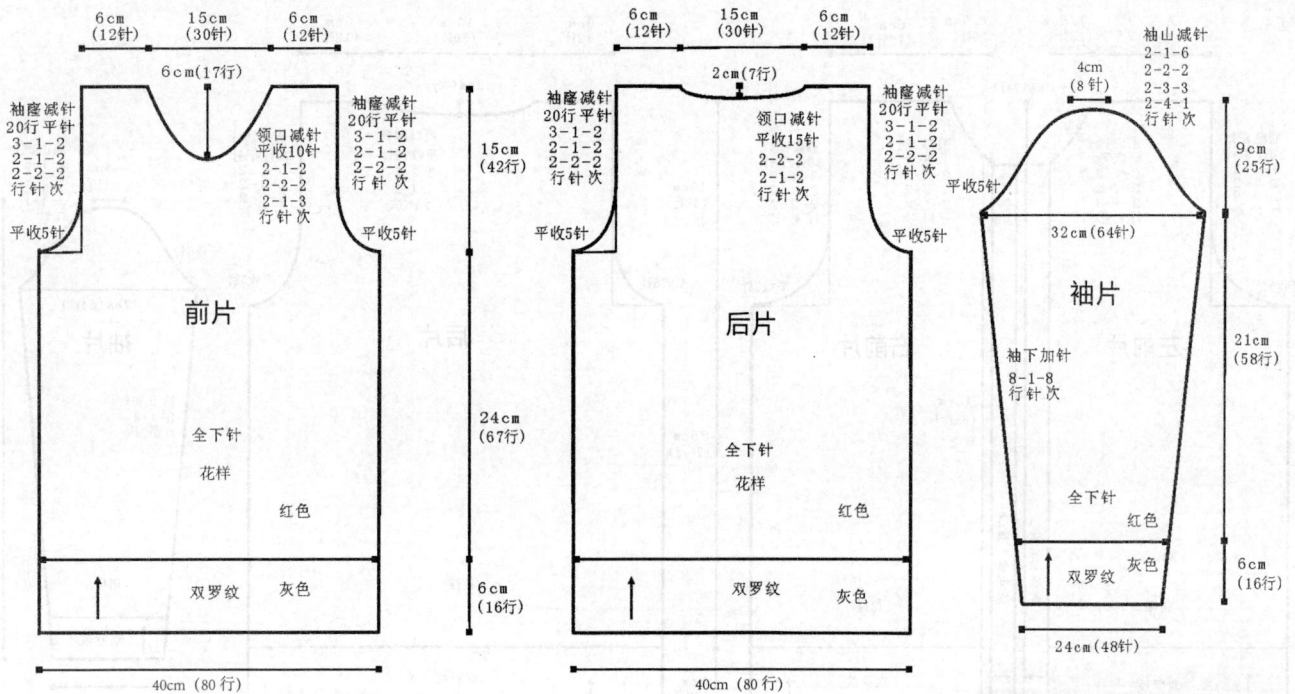

前片

袖窿减针
20行平针
3-1-2
2-1-2
2-2-2
行针次

6cm（12针）　15cm（30针）　6cm（12针）

6cm(17行)

领口减针
平收10针
2-1-2
2-2-2
2-1-3
行针次

平收5针

15cm（42行）

24cm（67行）

全下针
花样
红色

双罗纹　灰色

40cm（80行）

后片

袖窿减针
20行平针
3-1-2
2-1-2
2-2-2
行针次

6cm（12针）　15cm（30针）　6cm（12针）

2cm(7行)

领口减针
平收15针
2-2-2
2-1-2
行针次

平收5针

全下针
花样
红色

双罗纹　灰色

40cm（80行）

袖片

袖山减针
2-1-6
2-2-2
2-3-3
2-4-1
行针次

4cm（8针）

平收5针

9cm（25行）

32cm（64针）

袖下加针
8-1-8
行针次

21cm（58行）

全下针
红色

双罗纹　灰色

6cm（16行）

24cm（48针）

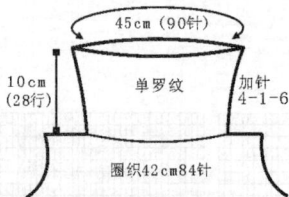

45cm（90针）

10cm（28行）　单罗纹　加针 4-1-6

圈织42cm84针

领子结构图

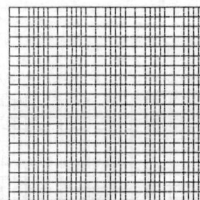

双罗纹

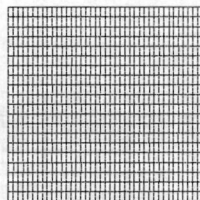

全下针

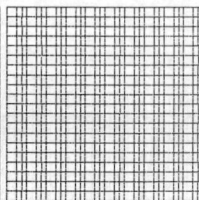

单罗纹

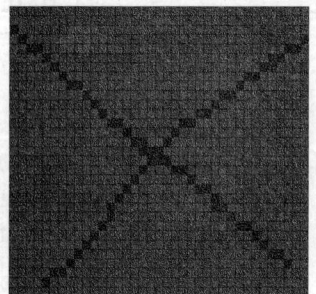

花样图案

条纹圆领毛衣

【成品尺寸】衣长 42cm　胸围 80cm　袖长 36cm

【工具】10 号棒针　绣花针

【材料】黑色、灰色羊毛绒线各 150g

【密度】10cm² : 20 针 ×28 行

【附件】装饰图案 3 个

【制作过程】

1.前片：先用黑色线，按图用机器边起针法起 80 针，织 4cm 双罗纹后，改织全下针，并用黑色线和灰色线编入花样图案，织至 23cm 时左右两边开始按图收成袖窿，再织 9cm 开领窝至织完成。

2.后片：织法与前片一样，只是须按图开领窝。

3.袖片：先用黑色线，按图用机器边起针法起 44 针，织 5cm 双罗纹后，改织全下针，袖下按图加针，并配色，织至 22cm 按图示均匀减针，收成袖山。

4.编织结束后，将前后片侧缝、肩部、袖片缝合。

5.领圈用黑色线挑 64 针，织 3cm 双罗纹，形成圆领。

6.装饰：用绣花针缝上装饰图案和字母。

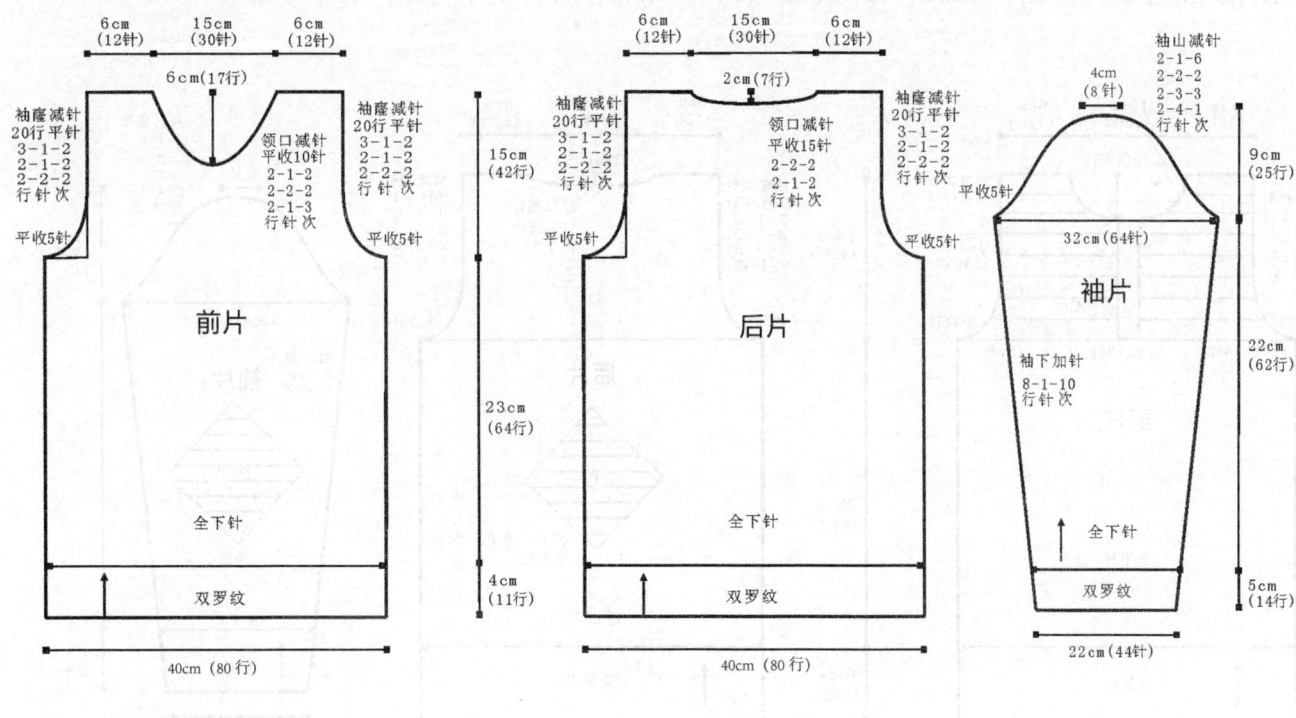

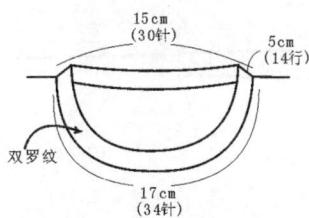

领子结构图

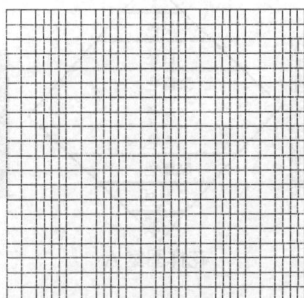

双罗纹

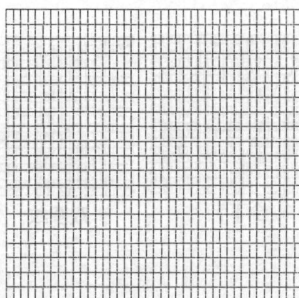

全下针

花样图案

连帽条纹外套

【成品尺寸】衣长 48cm　胸围 80cm　袖长 42cm

【工具】10 号棒针　绣花针

【材料】深蓝色羊毛绒线 350g　白色、灰色线少许

【密度】10cm² : 20 针 ×28 行

【附件】自编绳子 1 根

【制作过程】

1. 前片：用深蓝色羊毛绒线，按图用机器边起针法起 80 针，织 10cm 双罗纹后，改织全下针，织至 23cm 时左右两边开始按图收成袖窿，中间留 12 针，分左、右前片，继续编织，再织 9cm 开领窝至织完成。

2. 后片：按图用机器边起针法起 80 针，织 10cm 双罗纹后，改织全下针，并用白色、灰色、深蓝色线编入配色的花样图案 A，织至 23cm 时左右两边同时开袖窿，再织 13cm 时开领窝，至织完成。

3. 袖片：按图用机器边起针法起 48 针，织 10cm 双罗纹后，改织全下针，并编入配色的花样图案 A，袖下按图加针，织至 23cm 时按图示均匀减针，收成袖山。

4. 编织结束后，将前后片侧缝、肩部、袖片缝合。

5. 领圈挑 92 针，织 18cm 全下针，并按图配色，边缘缝合，形成帽子。

6. 左右门襟至帽边挑适合针数，织 3cm 双罗纹，系上自编的绳子。用绣花针按十字绣的绣法，绣上花样图案 B。

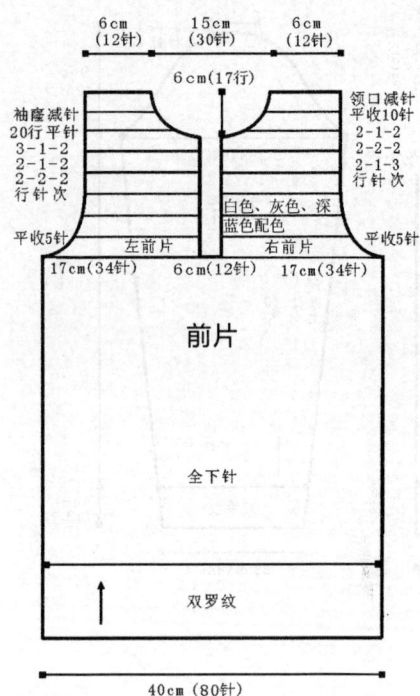

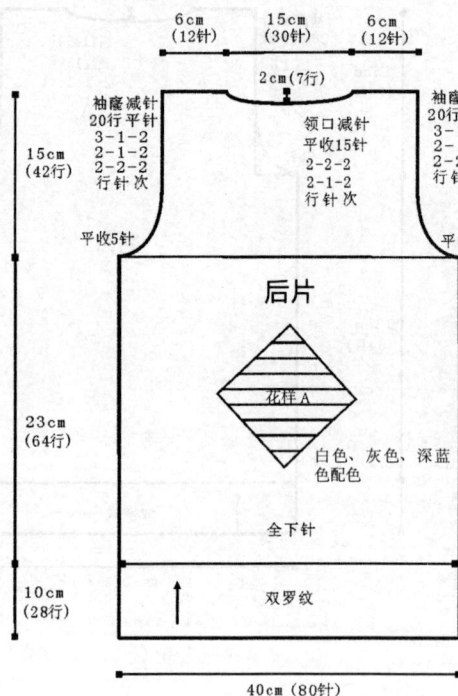

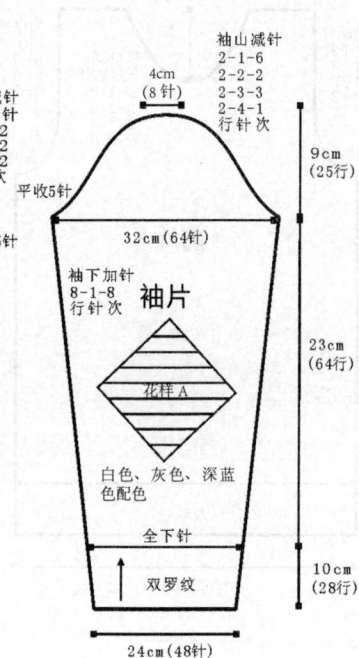

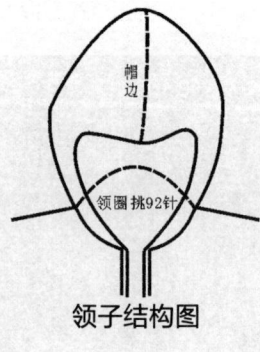

领子结构图

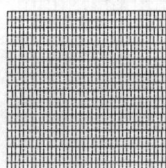

全下针

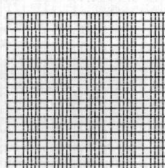

双罗纹

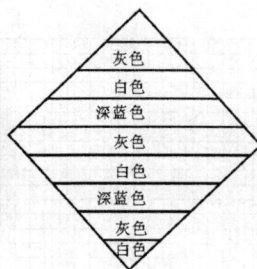

花样图案 A

花样图案 B

条纹层叠小裙

【成品尺寸】衣长 45cm　胸围 72cm
【工具】10 号棒针　钩针
【材料】浅灰色羊毛绒线 300g　深灰色羊毛绒线少许
【密度】10cm² : 20 针 ×28 行

【制作过程】

1. 前片：分上下片编织，上片用浅灰色线，按图用机器边起针法起 72 针，织 3cm 双罗纹后，改织全下针，并用深灰色线配色，织至 17cm 时左右两边开始按图收成袖窿，再织 9cm 开领窝至织完成。下片起 72 针，织 10cm 花样 A，与上片叠入 3cm 后缝合。
2. 后片：分上下片编织，上片用浅灰色线，按图用机器边起针法起 72 针，织 3cm 双罗纹后，改织花样 B，并用深灰色线配色，织至 17cm 时左右两边开始按图收成袖窿，再织 13cm 时开领窝至织完成。下片起 72 针，织 10cm 花样 A，与上片叠入 3cm 后缝合。
3. 编织结束后，将前后片侧缝、肩部缝合。
4. 领圈挑 64 针，织 3cm 双罗纹，形成圆领，两袖口挑适合针数，织 3cm 双罗纹。
5. 用钩针按花样 C 钩织下摆花边。

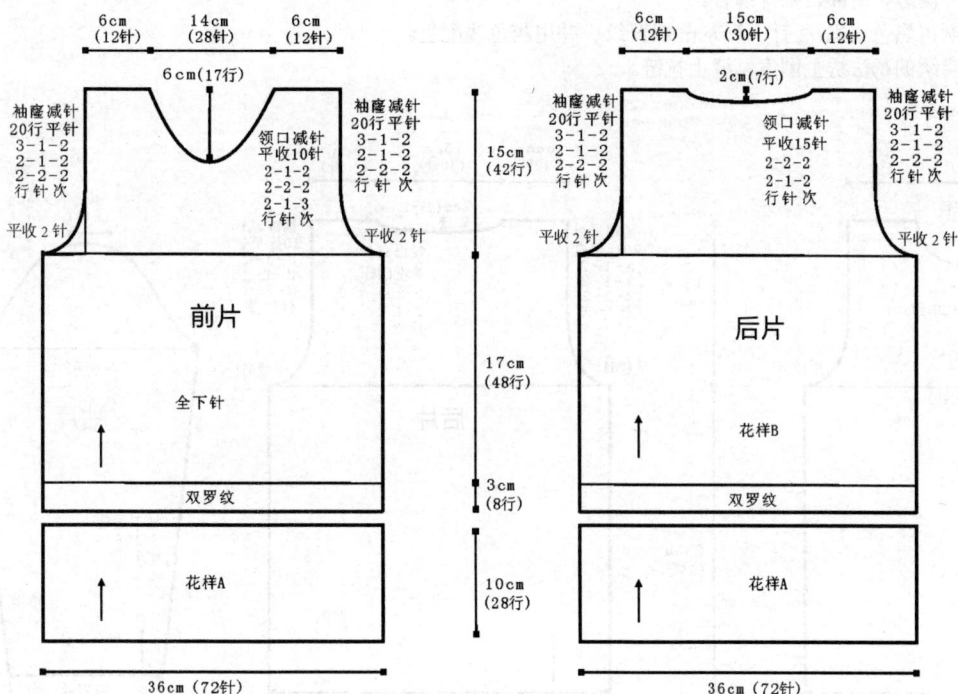

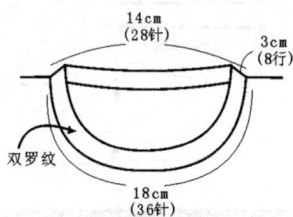

领子结构图

花样 C

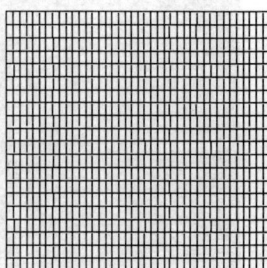

全下针

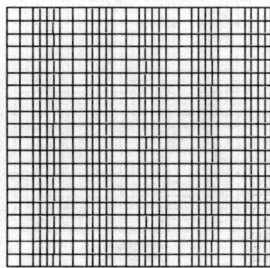

双罗纹

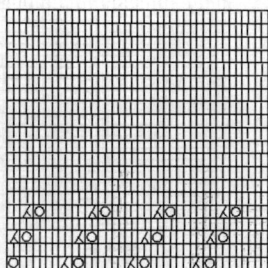

花样 A

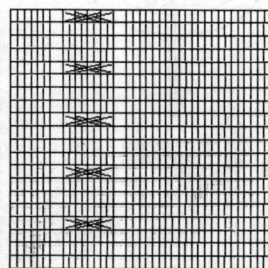

花样 B

立领半开襟毛衣

【成品尺寸】衣长 48cm 胸围 80cm 袖长 42cm
【工具】10 号棒针 钩针 绣花针
【材料】灰色羊毛绒线 300g 白色、黑色线各少许
【密度】10cm²：20 针 ×28 行
【附件】拉链 1 条

【制作过程】
1. 前片：用黑色线按图用机器边起针法起 80 针，织 10cm 双罗纹，并用灰色线配色，然后改织全下针，并用白色和黑色线编入花样图案，织至 23cm 时左右两边开始按图收成袖窿，中间留 12 针，分左、右前片继续编织，再织 9cm 开领窝至织完成。
2. 后片：用黑色线按图用机器边起针法起 80 针，织 10cm 双罗纹，并用灰色线配色，然后改织全下针，织至 23cm 时左右两边同时开袖窿，再织 13cm 时开领窝，至织完成。
3. 袖片：用黑色线按图用机器边起针法起 48 针，织 10cm 双罗纹，并用灰色线配色，然后改用灰色线织全下针，袖下按图加针，织至 23cm 按图示均匀减针，收成袖山。
4. 编织结束后，将前后片侧缝、肩部、袖片缝合。
5. 门襟用钩针钩边，领圈用黑色线挑 92 针，织 8cm 双罗纹，并用灰色线配色。
6. 装饰：用绣花针按十字绣的绣法绣上图案，缝上拉链。

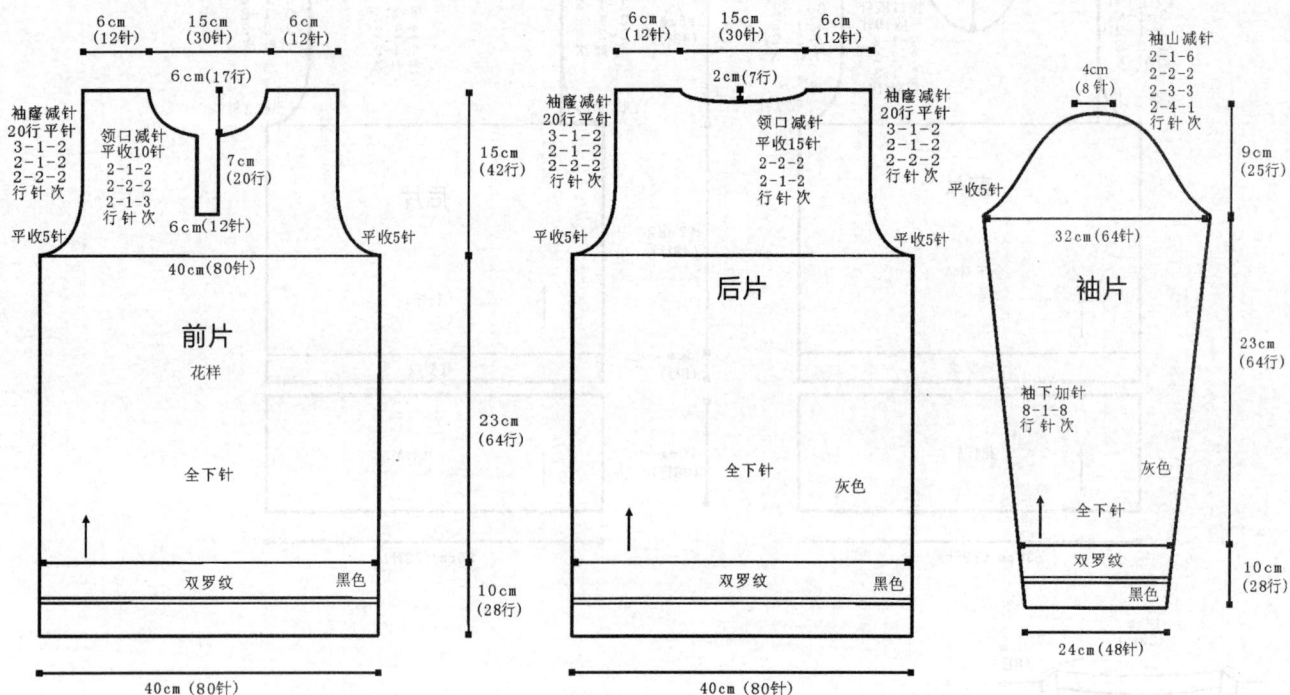

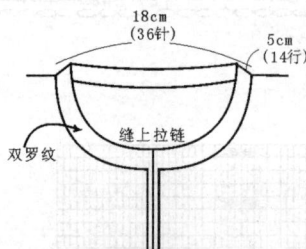

领子结构图

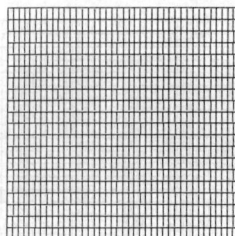

全下针

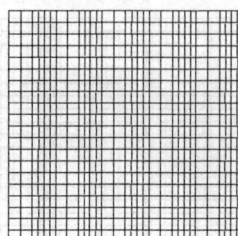

双罗纹

花样图案

艳丽红色毛衣

【成品尺寸】衣长 42cm　胸围 70cm　袖长 42cm
【工具】9 号棒针　10 号棒针　绣花针
【材料】红色毛线 400g
【密度】10cm² : 20 针 x26 行
【附件】纽扣 2 枚

【制作过程】
1. 后片：用 10 号棒针和红色毛线起 71 针，织单罗纹 5cm 后，换 9 号棒针织花样，不加不减针织 23cm 到腋下，开始斜肩收针，先在两侧平收 5 针，然后每 2 行收 1 针，共收 17 次，如图，后领留 27 针，收针。
2. 前片：用 10 号棒针和红色毛线起 71 针，织 5cm 单罗纹后，换 9 号棒针织花样，不加不减针织 23cm 到腋下，开始斜肩收针，先在两侧平收 5 针，然后每 2 行收 1 针，共收 17 次，如图，前领留 27 针，收针。
3. 袖片：用 10 号棒针和红色毛线起 42 针，织 5cm 单罗纹后，换 10 号棒针编织花样，如图均匀加针织 23cm 到腋下，开始斜肩减针，减针方法如图，留 14 针，收针。
4. 缝合前后片的侧缝和袖下线。
5. 领口：用 9 号棒针起 10 针，编织花样，织 35cm，并在合适的位置留扣眼，如图，收针，与毛衣缝合。
6. 缝上纽扣。

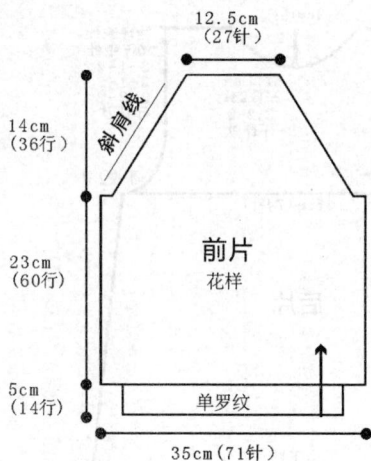

12.5cm（27针）

斜肩减针
平织2行
2-1-17
1-5-1

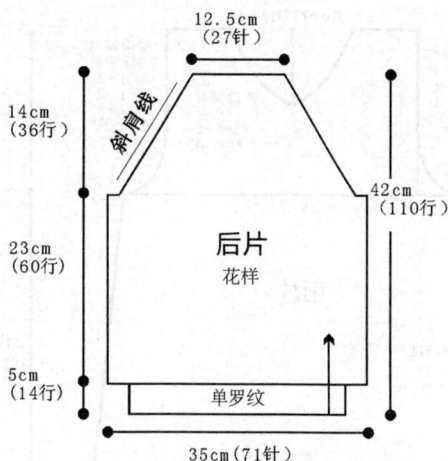

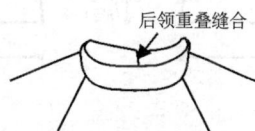

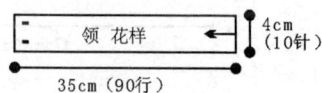

14cm（36行）
斜肩线
23cm（60行）
前片 花样
5cm（14行）
单罗纹
35cm（71针）

14cm（36行）
斜肩线
42cm（110行）
23cm（60行）
后片 花样
5cm（14行）
单罗纹
35cm（71针）

后领重叠缝合
领子结构图

领 花样
4cm（10针）
35cm（90行）

7cm（16针）

14cm（36行）
斜肩线

29cm（60针）

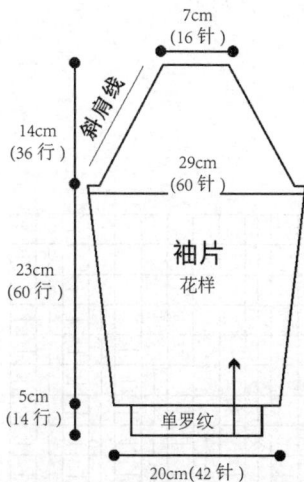

袖山减针
平织2行
2-1-17
1-5-1
袖下加针
平织6行
6-1-9

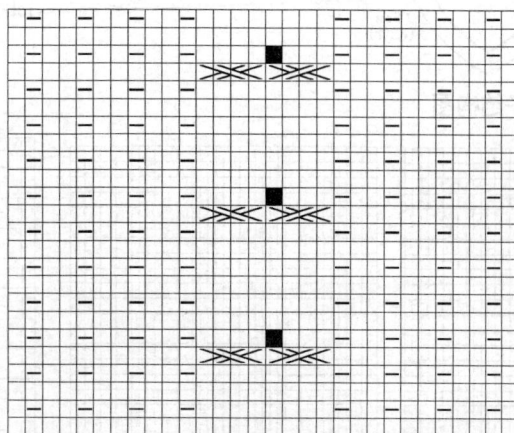

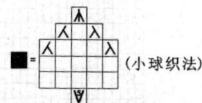

23cm（60行）
袖片 花样
5cm（14行）
单罗纹
20cm（42针）

领→
花样

■ = 人（小球织法）

优雅背心裙

【成品尺寸】衣长 42cm 胸围 74cm
【工具】10 号棒针 绣花针
【材料】粉红色羊毛绒线 250g 枣红色线少许
【密度】10cm² : 20 针 × 28 行
【附件】装饰花 1 朵 纽扣 2 枚

【制作过程】

1. 前片：用粉红色羊毛绒线，按图用一般起针法起 94 针，织 3cm 双罗纹后，改织全下针，侧缝按图减针，织至 24cm 时，左右两边开始按图收成袖窿，同时开领窝至织完成。

2. 后片：织法与前片一样，只是须按图开领窝。

3. 领口：按花样图织 5cm，如图。

4. 编织结束后，将前后片侧缝、肩部缝合。

5. 下摆衬片另织，起 16 针，先织 15cm 全下针后，改织 3cm 双罗纹，按图与侧缝缝合。

6. 装饰：用绣花针和枣红色线缝上衬片两边的图案，然后缝上纽扣和装饰花。

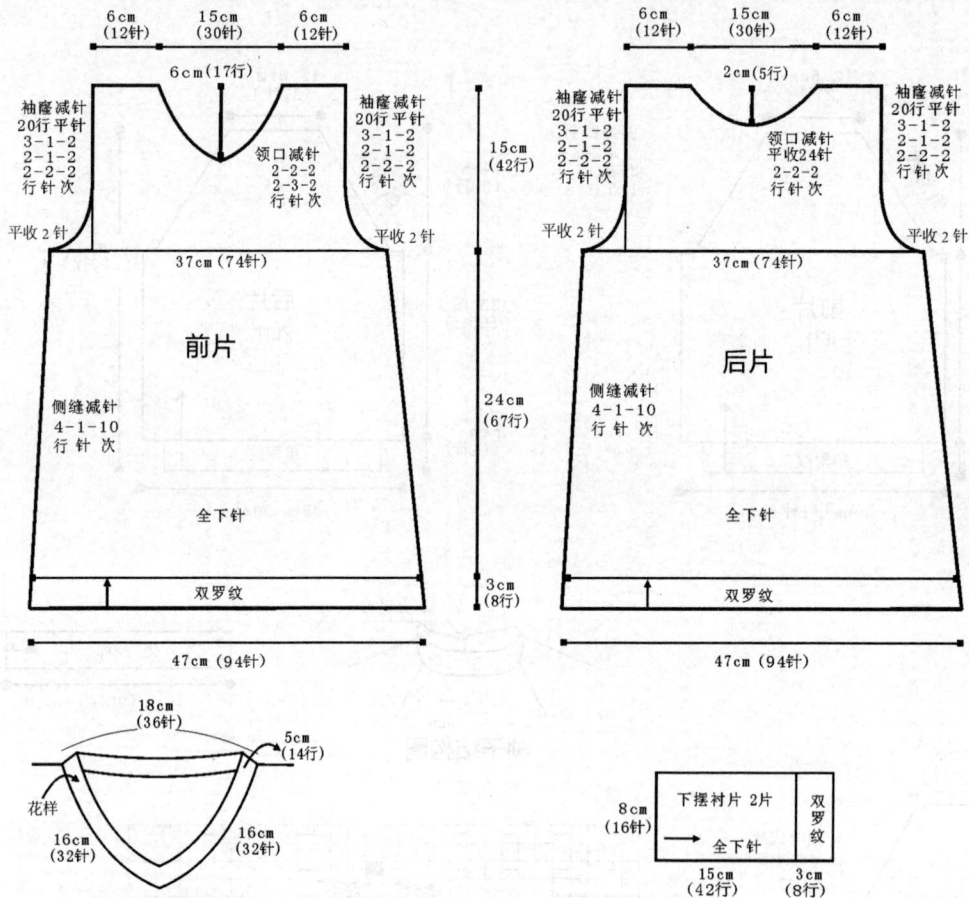

领子结构图

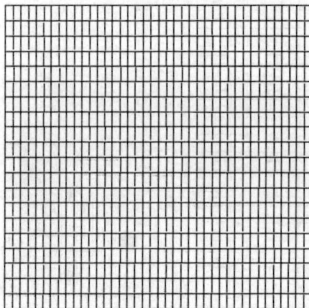

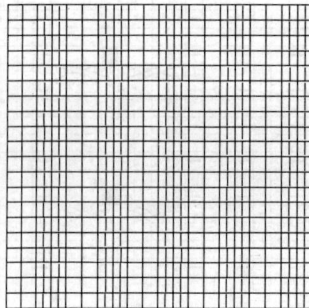

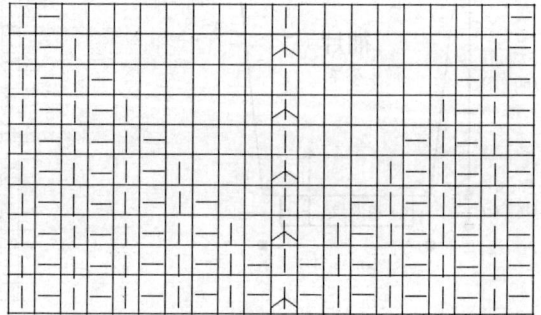

全下针　　　双罗纹　　　花样

绿色花朵无袖毛衣

【成品尺寸】衣长 45cm　胸围 80cm
【工具】10 号棒针　钩针　绣花针
【材料】绿色羊毛绒线 250g
【密度】$10cm^2$：20 针 ×28 行

【制作过程】

1. 前片：按图用机器边起针法起 80 针，织 5cm 单罗纹后，改织全下针，织至 25cm 时，左右两边开始按图收成袖窿，并同时改织花样 A，再织 9cm 开领窝至织完成。

2. 后片：织法与前片一样，只是须按图开领窝。

3. 编织结束后，将前后片侧缝、肩部缝合。

4. 领圈挑 80 针，织 5cm 单罗纹，形成圆领。两袖口挑适合针数，织 5cm 单罗纹。

5. 用钩针按花样 B 图钩织 5 朵小花，用绣花针缝在前片相应位置。

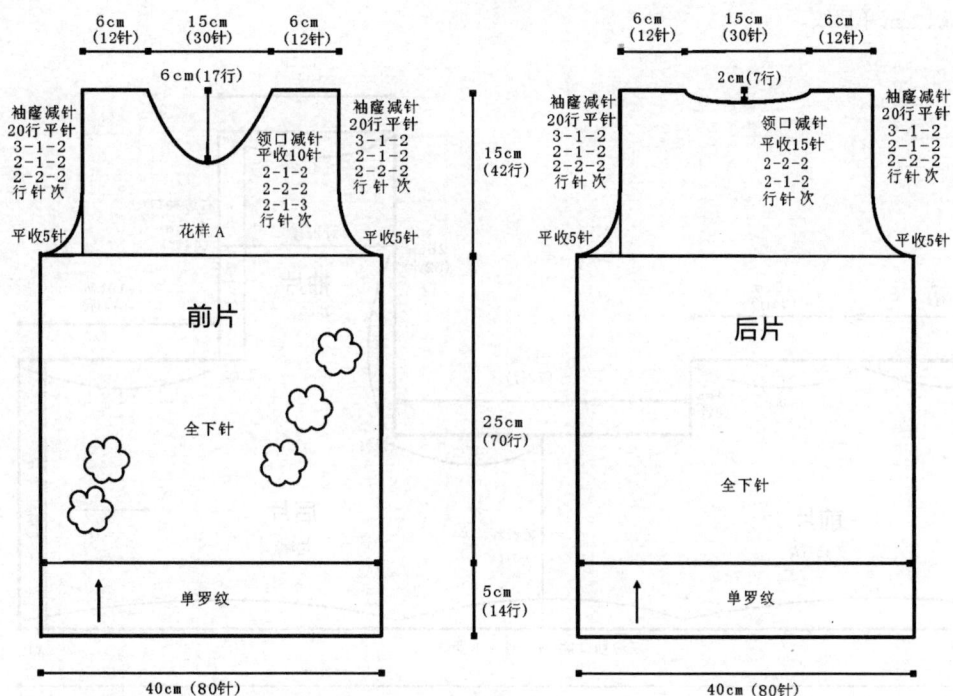

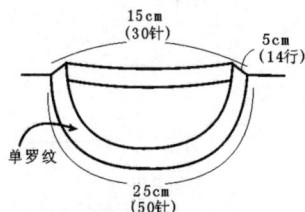

领子结构图

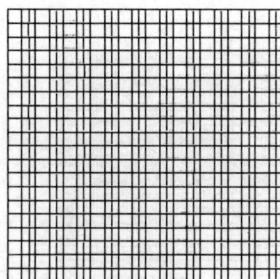

单罗纹

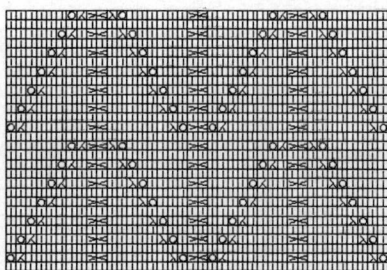

花样 A

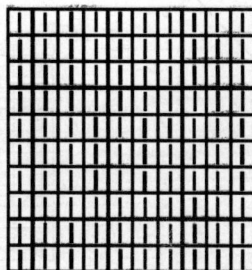

全下针

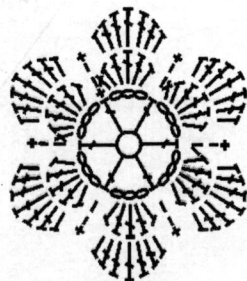

花样 B

白色斜领毛衣

【成品尺寸】 衣长 40.5cm　胸围 70cm

【工具】 10 号棒针　绣花针

【材料】 白色羊毛绒线 300g

【密度】 10cm² : 20 针 ×28 行

【制作过程】

1. 起 60 针，先织 6 行花样 B，然后织花样 A。

2. 编织 16cm 后，在右边加 44 针，织 6 行单罗纹后改织花样 A。

3. 继续织 12cm 花样 A 后，在右边收掉 52 针。

4. 向上织 26cm 后，加 8 针，再织 28cm 后收针，完成。

5. 以中间对折线为中线对折，图中 e 与 f 缝合，留下左边袖口不缝，将 a 与 d 缝合，b 与 c 缝合。袖片以中间对折线为中线对折成为右边袖口。

6. 领口挑 104 针，织 2cm 花样 C。

7. 左边的袖口挑 44 针，织 2cm 单罗纹。

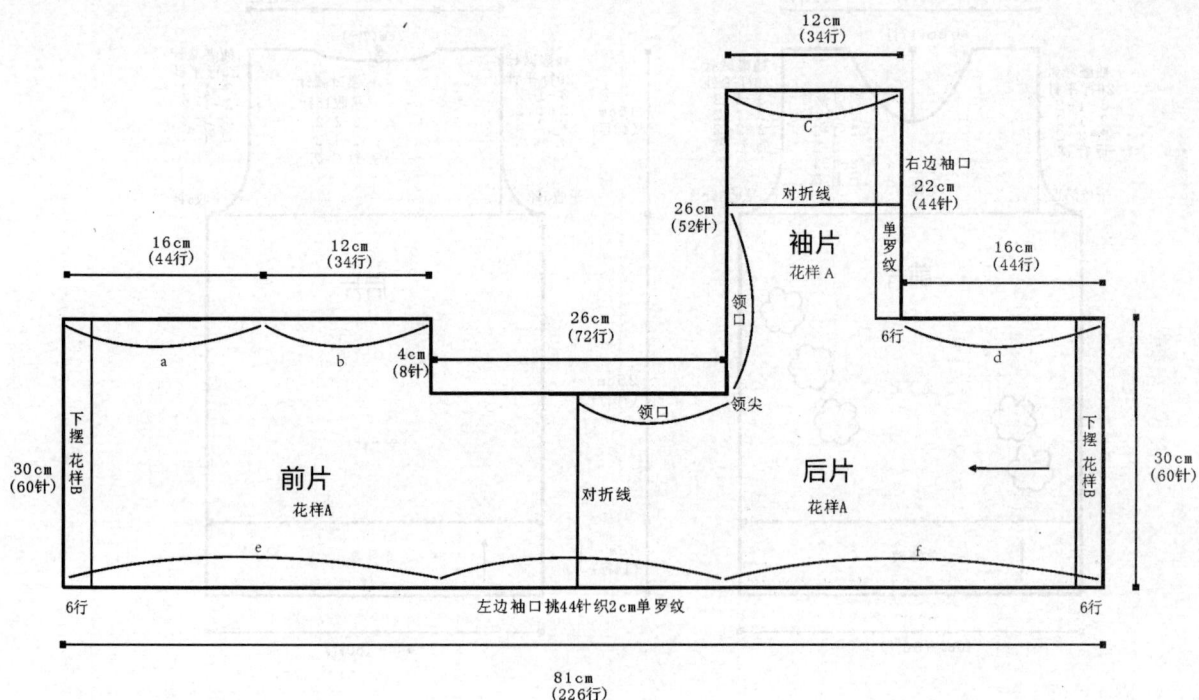

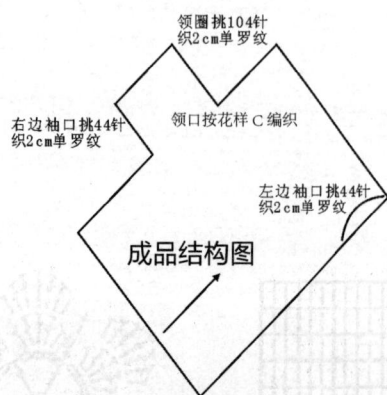

成品结构图

领围挑104针 织2cm单罗纹

右边袖口挑44针 织2cm单罗纹

领口按花样C编织

左边袖口挑44针 织2cm单罗纹

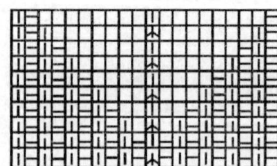

花样 C

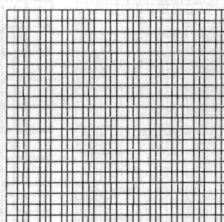

单罗纹

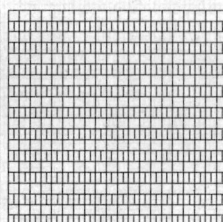

花样 B

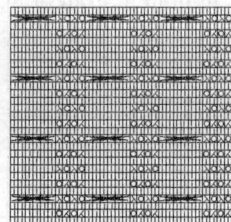

花样 A

小火车卡通背心

【成品尺寸】 衣长 45cm　胸围 80cm

【工具】 10 号棒针　绣花针

【材料】 橙色、灰色羊毛绒线各 130g　黑色、白色、黄色、蓝色线等少许

【密度】 10cm² : 20 针 ×28 行

【制作过程】

1. 前片：先用橙色线，按图用机器边起针法起 80 针，织 5cm 单罗纹，并按结构图配色，然后改织全下针，同时用白色、黑色、蓝色等线编入花样图案，织至 25cm 时，左右两边开始按图收成袖窿，再织 9cm 开领窝至织完成。

2. 后片：织法与前片一样，只是须按图开领窝，并按图配色。

3. 编织结束后，将前后片侧缝、肩部缝合。

4. 领圈挑 86 针，织 5cm 单罗纹，形成圆领。两袖口挑适合针数，织 3cm 单罗纹。

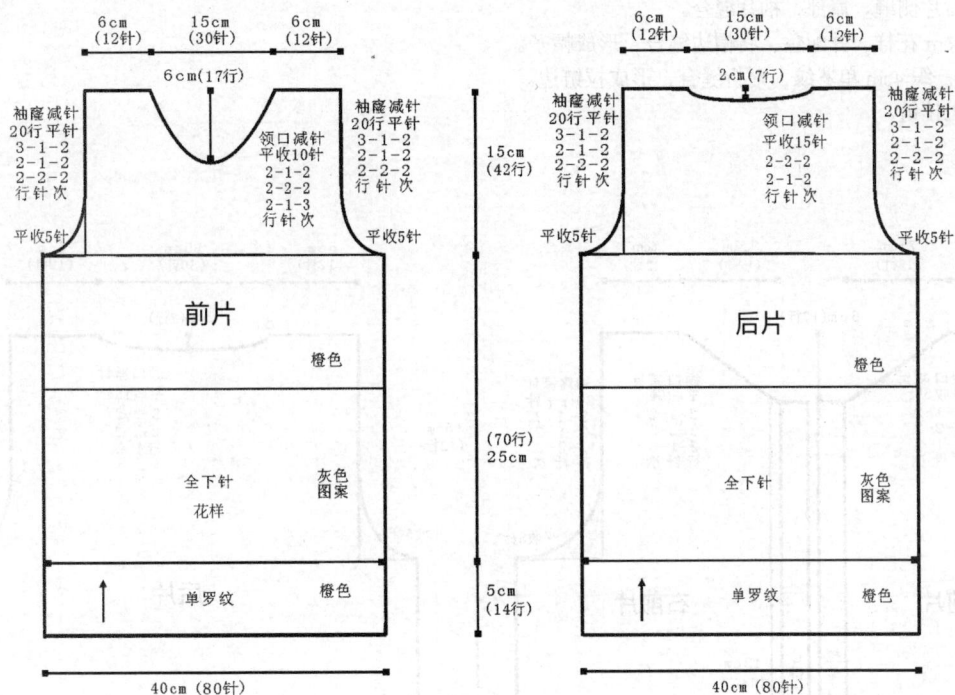

前片

6cm (12针)　15cm (30针)　6cm (12针)

6cm(17行)

袖窿减针
20行平针
3-1-2
2-1-2
2-2-2
行针次

领口减针
平收10针
2-1-2
2-2-2
2-1-3
行针次

平收5针

橙色

全下针
花样

灰色
图案

单罗纹　橙色

40cm (80针)

15cm (42行)

(70行) 25cm

5cm (14行)

后片

6cm (12针)　15cm (30针)　6cm (12针)

2cm(7行)

袖窿减针
20行平针
3-1-2
2-1-2
2-2-2
行针次

领口减针
平收15针
2-2-2
2-1-2
行针次

平收5针

橙色

全下针

灰色
图案

单罗纹　橙色

40cm (80针)

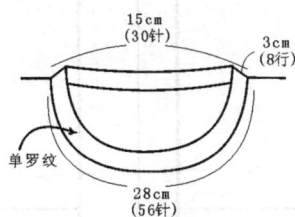

15cm (30针)　3cm (8行)

单罗纹

28cm (56针)

领子结构图

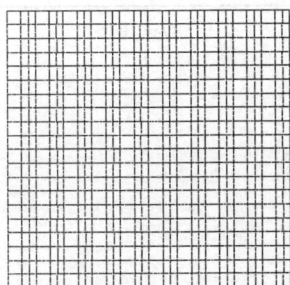

单罗纹

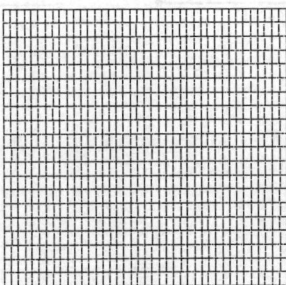

全下针

花样图案

条纹连帽外套

【成品尺寸】 衣长 45cm　胸围 80cm　袖长 42cm

【工具】 10 号棒针　绣花针

【材料】 红色、白色羊毛绒线各 200g

【密度】 10cm² : 20 针 ×28 行

【附件】 拉链 1 条

【制作过程】

1. 前片：分左、右两片，左前片用红色羊毛线，按图起 40 针，织 8cm 单罗纹后，改织花样，并同时用白色和红色线配色，织至 22cm 时左右两边开始按图收成袖窿，再织 9cm 开领窝至织完成。用同样方法对应织右片。

2. 后片：按图起 80 针，织 8cm 单罗纹后，改织花样，并同时配色，织至 22cm 时左右两边开始按图收成袖窿，再织 13cm 开领窝至织完成。

3. 袖片：按图起 44 针，织 8cm 单罗纹后，改织花样，并同时配色，袖下按图加针，织至 25cm 时按图示均匀减针，收成袖山。

4. 编织结束后，将前后片侧缝、肩部、袖片缝合。

5. 领圈挑 65 针，织 18cm 花样，并配色，将帽边缝合，形成帽子。

6. 门襟至帽缘挑 84 针，织 4cm 单罗纹，对折缝合，形成拉链边。

7. 装饰：用绣花针缝上拉链。

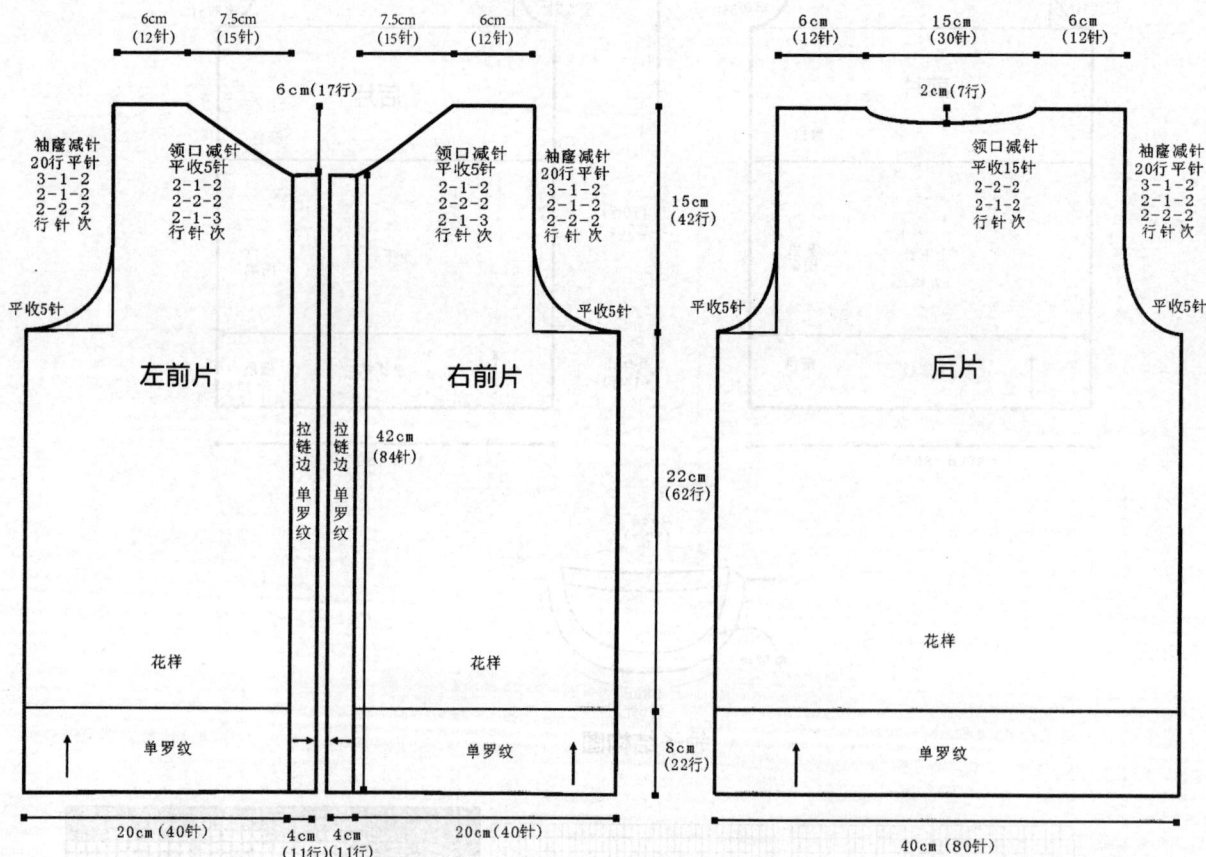

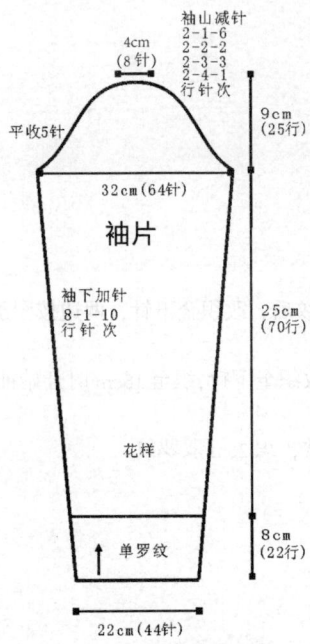

袖山减针
2-1-6
2-2-2
2-3-3
2-4-1
行 针 次

4cm
(8针)

平收5针

9cm
(25行)

32cm(64针)

袖片

袖下加针
8-1-10
行 针 次

25cm
(70行)

花样

8cm
(22行)

单罗纹

22cm(44针)

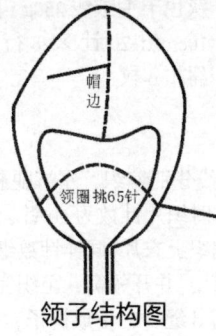

帽边

领圈挑65针

领子结构图

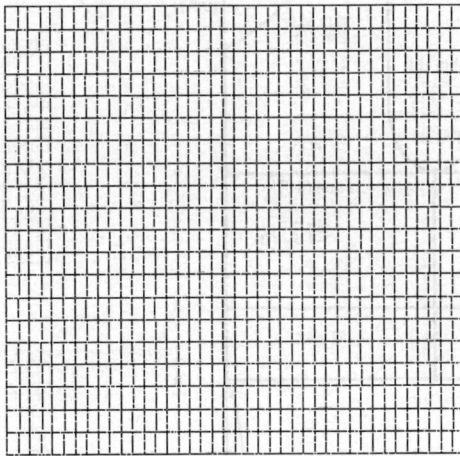

全下针

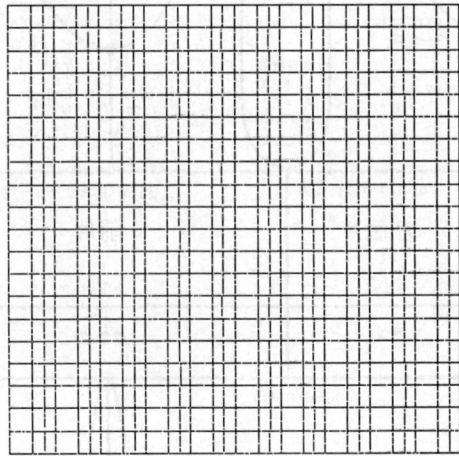

单罗纹

花样

帅气口袋连体装

【成品尺寸】连裤衣长 78cm　胸围 72cm
【工具】10 号棒针　绣花针
【材料】灰色羊毛绒线 250g　白色羊毛绒线 150g
【密度】10cm² : 20 针 ×28 行
【附件】纽扣 6 枚

【制作过程】
1. 从裤脚织起，两裤脚用灰色线分别编织，左裤腿起 60 针，先织 6cm 双罗纹后，改织全下针，两边按图加针，织至 26cm 时，不加也不减针继续编织 10cm，此时织片针数为 90 针，用同样方法编织右裤腿。
2. 将两裤腿合并在一起，开始编织上衣片，同样针数继续编织 6cm 双罗纹后，改织全下针，织至 15cm 时开始袖窿收针，并改用白色线，用棒针分成 3 片，袖窿按图收针，并开领窝，至织完成。
3. 将两裤腿的 a 与 b 缝合，c 与 d 缝合，形成裤子，然后后片门襟挑适合针数，织 2cm 双罗纹。
4. 口袋另织好，与衣片缝合。
5. 领边和袖口用绣花针缝上边，在肩部和后片门襟缝上纽扣。

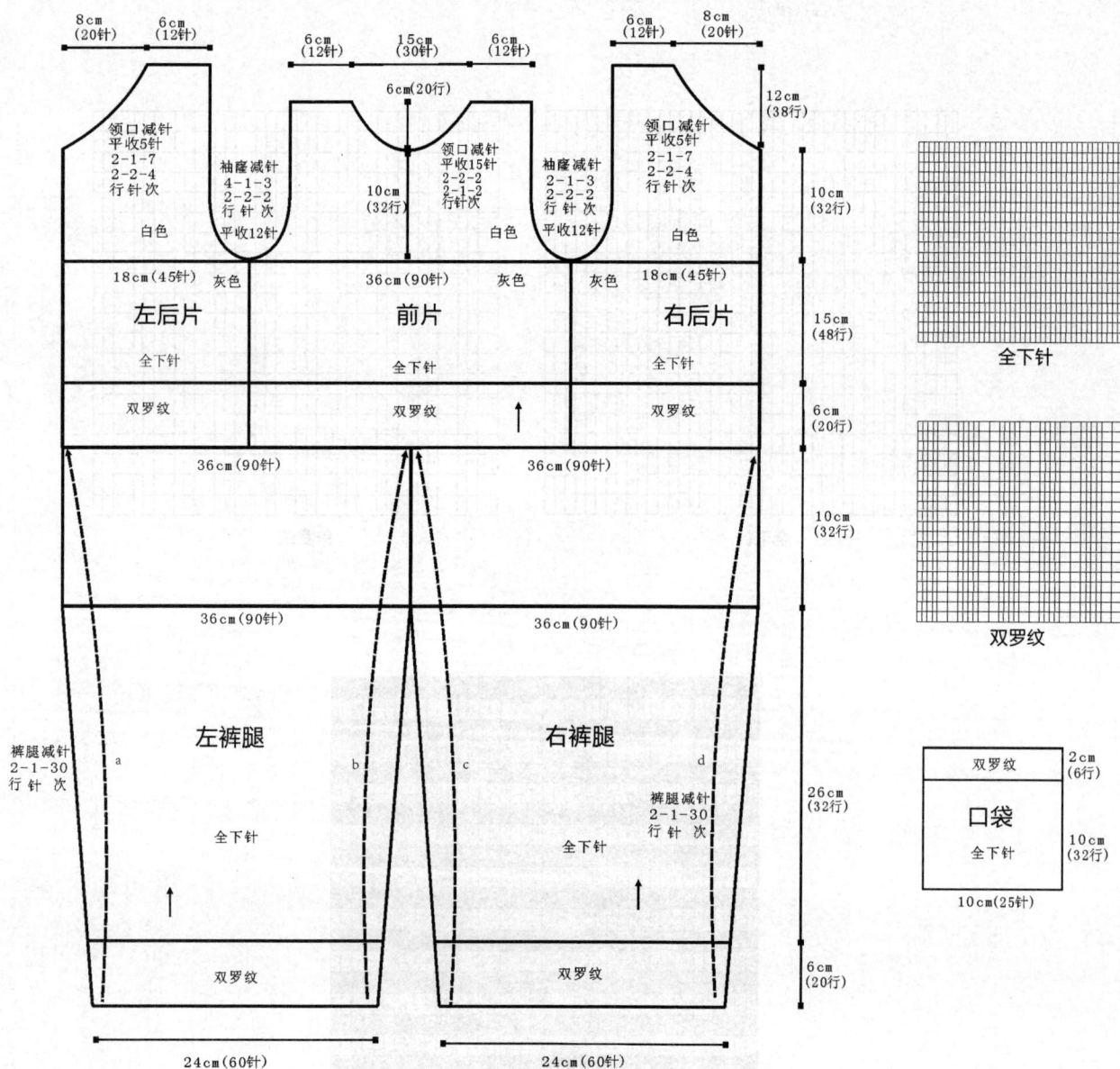

8cm(20针)　6cm(12针)　6cm(12针)　15cm(30针)　6cm(12针)　6cm(12针)　8cm(20针)

6cm(20行)

12cm(38行)

领口减针
平收5针
2-1-7
2-2-4
行针次
白色

袖窿减针
4-1-3
2-2-2
行针次
平收12针

领口减针
平收15针
2-2-2
2-1-2
行针次

10cm(32行)

袖窿减针
2-1-3
2-2-2
行针次
平收12针
白色

领口减针
平收5针
2-1-7
2-2-4
行针次

10cm(32行)

18cm(45针)　灰色
左后片
全下针
双罗纹

36cm(90针)　灰色
前片
全下针
双罗纹

灰色　18cm(45针)
右后片
全下针
双罗纹

15cm(48行)

6cm(20行)

36cm(90针)　36cm(90针)

10cm(32行)

36cm(90针)　36cm(90针)

裤腿减针
2-1-30
行针次
a　左裤腿　全下针　b　c　右裤腿　全下针　d

裤腿减针
2-1-30
行针次

26cm(32行)

双罗纹　双罗纹

6cm(20行)

24cm(60针)　24cm(60针)

全下针

双罗纹

全下针

双罗纹
口袋
全下针
10cm(25针)

2cm(6行)
10cm(32行)

178

休闲舒适套装

【成品尺寸】衣长 42cm　胸围 74cm　袖长 40cm　裤长 42cm　腰围 72cm
【工具】10 号棒针　绣花针
【材料】浅蓝色羊毛绒线 500g
【密度】10cm²：20 针 ×28 行
【附件】纽扣 5 枚　宽紧带 1 根

【制作过程】
1. 上衣是从领圈往下编织，用一般起针法起 92 针，先织 4cm 花样 C，作为领子，然后按花样 A 加针，织至 6cm 时，每 2 针加 1 针，隔 6cm 重复 1 次，织至 18cm 时，开始分前、后片和袖片，按编织方向，前片分左右两片编织，后片织至 21cm 花样 D 时，留 6 针作为织花样 C 的门襟，然后改织 3cm 花样 E，作为衣脚。袖片袖下按图减针，织 22cm 花样 D 后改织 5cm 花样 E。
2. 装饰：缝上纽扣。
3. 裤子：裤子是横织，左裤腿按编织方向，起 20 针，织花样 B，裤腿按图加针，织 72 行后，对称减针。剩 20 针时收针，在裤裆处织花样 C。用同样方法编织右裤腿。将两裤腿的裤腰缝合，裤脚的 a 与 b 缝合，形成裤子。
4. 裤头挑 144 针，织 6cm 全下针，摺边缝合，形成双层平针边，用于穿宽紧带。

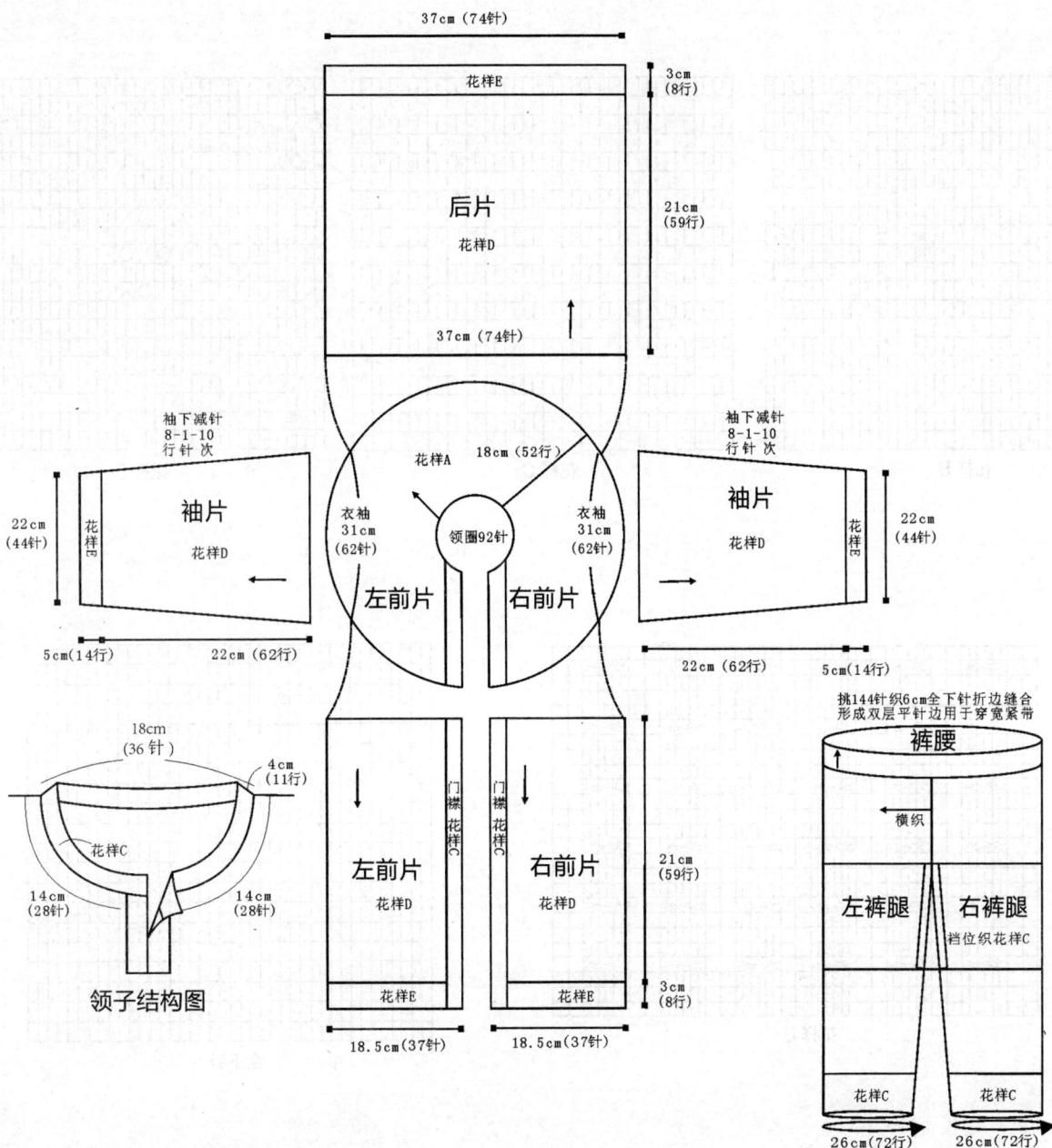

37cm（74针）

花样E　3cm（8行）

后片
花样D

21cm（59行）

37cm（74针）

袖下减针　8-1-10　行针次

袖片
花样D

花样E

22cm（44针）

5cm（14行）　22cm（62行）

花样A　18cm（52行）

衣袖 31cm（62针）

领圈92针

左前片

右前片

衣袖 31cm（62针）

袖下减针　8-1-10　行针次

袖片
花样D

花样E

22cm（44针）

22cm（62行）　5cm（14行）

18cm（36针）

4cm（11行）

花样C

14cm（28针）　14cm（28针）

领子结构图

门襟花样C

门襟花样C

左前片
花样D

右前片
花样D

21cm（59行）

花样E　花样E　3cm（8行）

18.5cm（37针）　18.5cm（37针）

挑144针织6cm全下针折边缝合形成双层平针边用于穿宽紧带

裤腰

横织

左裤腿　右裤腿

裆位织花样C

花样C　花样C

26cm（72行）　26cm（72行）

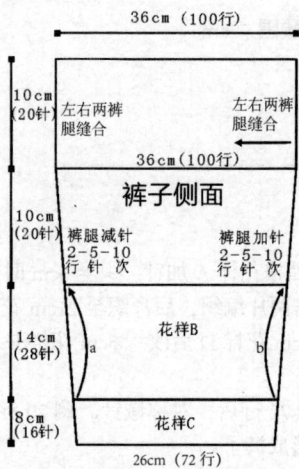

36cm（100行）

10cm
（20针）

左右两裤
腿缝合

左右两裤
腿缝合

36cm（100行）

裤子侧面

10cm
（20针）

裤腿减针
2-5-10
行 针 次

裤腿加针
2-5-10
行 针 次

14cm
（28针）

花样B

a

b

8cm
（16针）

花样C

26cm（72行）

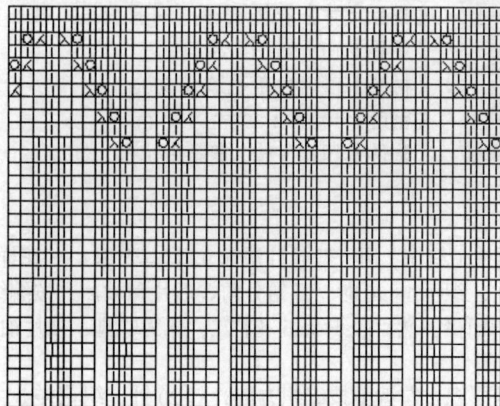

花样 A

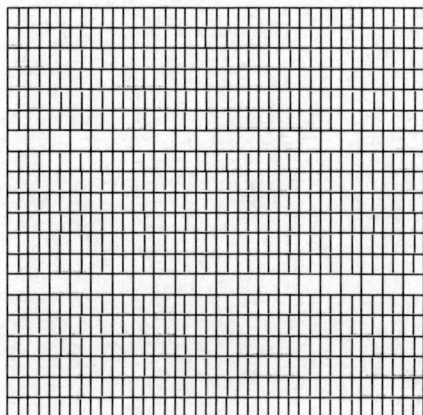

花样 B

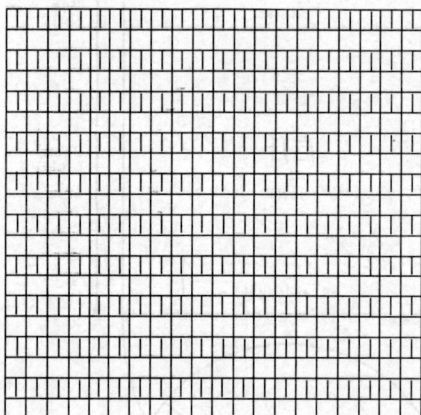

花样 C

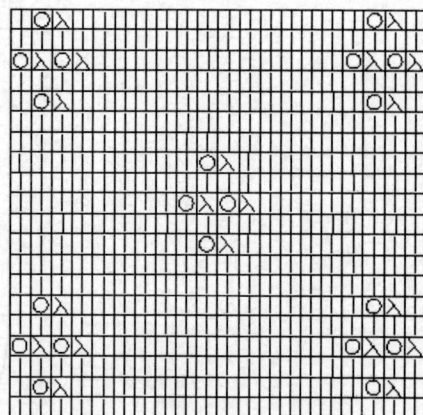

花样 D

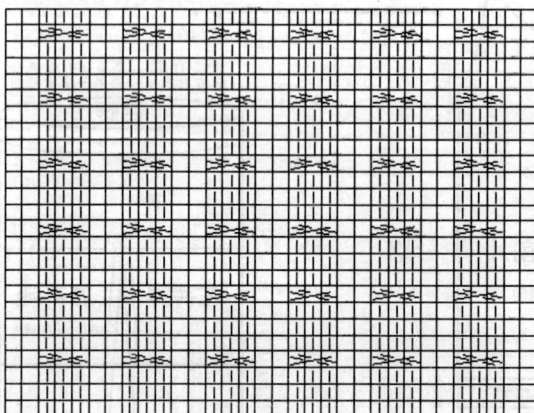

花样 E

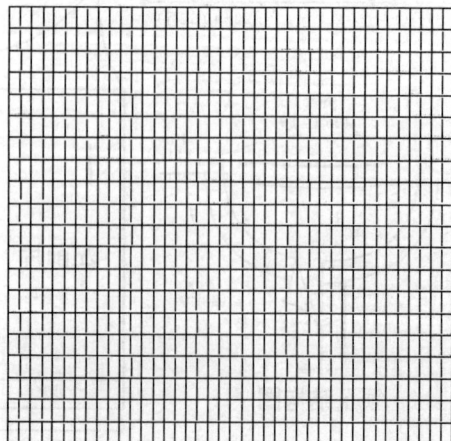

全下针

清新花边套装

【成品尺寸】衣长 42cm　胸围 74cm　袖长 40cm　裤长 42cm　腰围 72cm
【工具】10 号棒针　绣花针
【材料】浅绿色羊毛绒线 500g
【密度】10cm²：20 针 ×28 行
【附件】纽扣 5 枚　金鱼眼睛纽扣数枚

【制作过程】
1. 上衣是横向编织，从门襟起织，用一般起针法起 36 针，织花样 A 至另一门襟后，开始分前后片和袖片，按编织方向编织，前片分左右两片织全下针，织至 18cm 时改织花样 B，后片织 18cm 全下针后，改织花样 B。袖片袖下按图减针，织 18cm 全下针后改织花样 B。
2. 裤子：裤子是横织，左裤腿按编织方向，起 20 针，织花样 D，裤腿按图加针，织 72 行后，对称减针，剩 20 针时收针，用同样方法编织右裤腿。将两裤腿的裤腰缝合，裤脚的 a 与 b 缝合，形成裤子。
3. 左右前片门襟挑 86 针，织 3cm 花样 C。
4. 装饰：缝上纽扣和金鱼的眼睛。

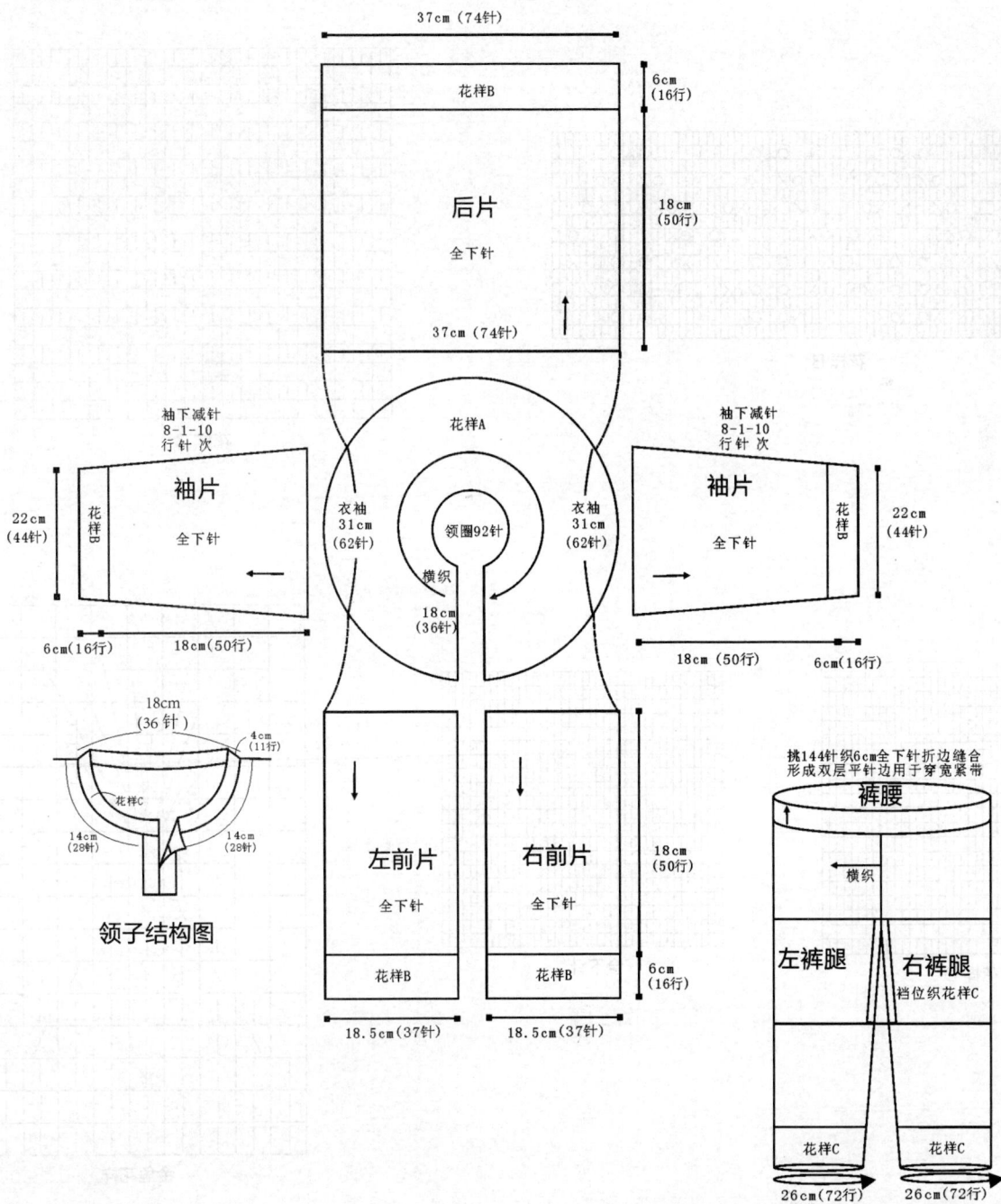

后片 全下针
花样B
37cm（74针）
6cm（16行）
18cm（50行）

袖片 全下针
花样B
袖下减针 8-1-10 行针次
22cm（44针）
6cm（16行）　18cm（50行）

花样A
衣袖 31cm（62针）
领圈92针
横织
18cm（36针）

左前片 全下针
右前片 全下针
花样B
18cm（50行）
6cm（16行）
18.5cm（37针）

领子结构图
18cm（36针）
4cm（11行）
花样C
14cm（28针）

裤腰
挑144针织6cm全下针折边缝合形成双层平针边用于穿宽紧带
横织
左裤腿　右裤腿
裆位织花样C
花样C
26cm（72行）

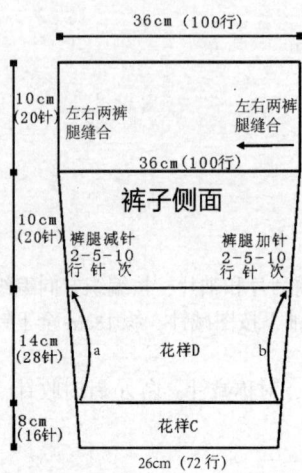

36cm（100行）

10cm
（20针）

左右两裤
腿缝合

左右两裤
腿缝合

36cm（100行）

裤子侧面

10cm
（20针）

裤腿减针
2-5-10
行针次

裤腿加针
2-5-10
行针次

14cm
（28针）

a   花样D   b

8cm
（16针）

花样C

26cm（72行）

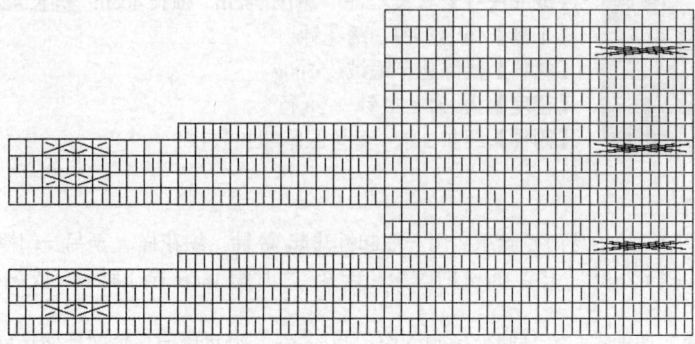

花样 A

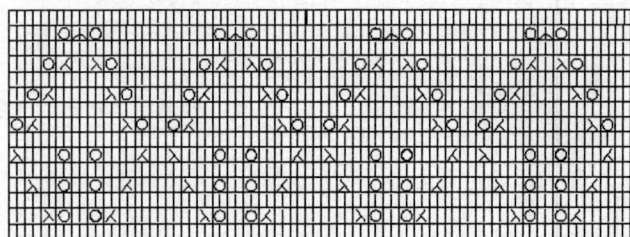

花样 B

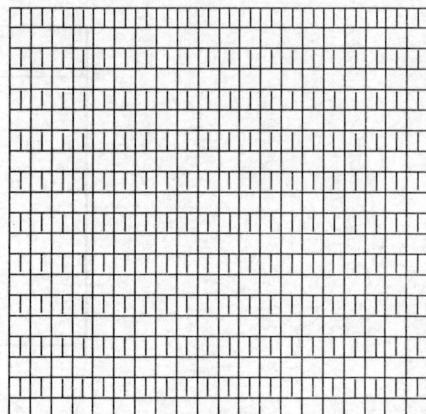

花样 C

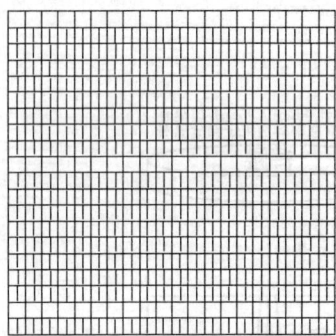

花样 D

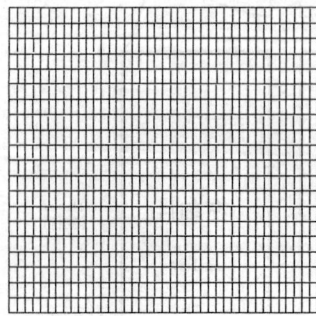

全下针

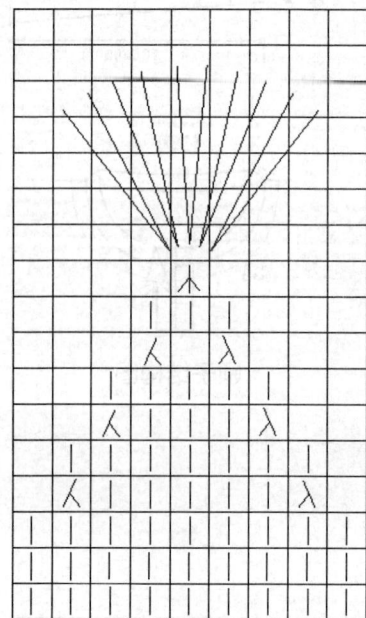

金鱼花样

清新亮丽套装

【成品尺寸】衣长 42cm　胸围 74cm　袖长 45cm　裤长 42cm　腰围 72cm

【工具】10 号棒针　绣花针

【材料】蓝色羊毛绒线 500g

【密度】10cm² : 20 针 ×28 行

【附件】纽扣 5 枚　宽紧带 1 根

【制作过程】

1. 上衣是从领圈往下编织，用一般起针法起 92 针，先织 4cm 花样 C，作为领子，然后按花样 A 加针，织至 18cm 时，开始分前后片和袖片，按编织方向，前片分左、右两片编织，和后片一样织至 21cm 全下针时，留 6 针作为织花样 C 的门襟，然后改织 3cm 花样 C 作为衣脚。袖片袖下按图减针，织 22cm 全下针后改织 5cm 花样 C。

2. 装饰：缝上纽扣。

3. 裤子：裤子是横织，左裤腿按编织方向，起 20 针，织花样 B，裤腿按图加针，织 72 行后，对称减针。剩 20 针时收针，注意在裤裆处织花样 C，用同样方法编织右裤腿。将两裤腿的裤腰缝合，裤脚的 a 与 b 缝合，形成裤子。

4. 裤头挑 144 针，织 6cm 全下针，折边缝合，形成双层平针边，用于穿宽紧带。

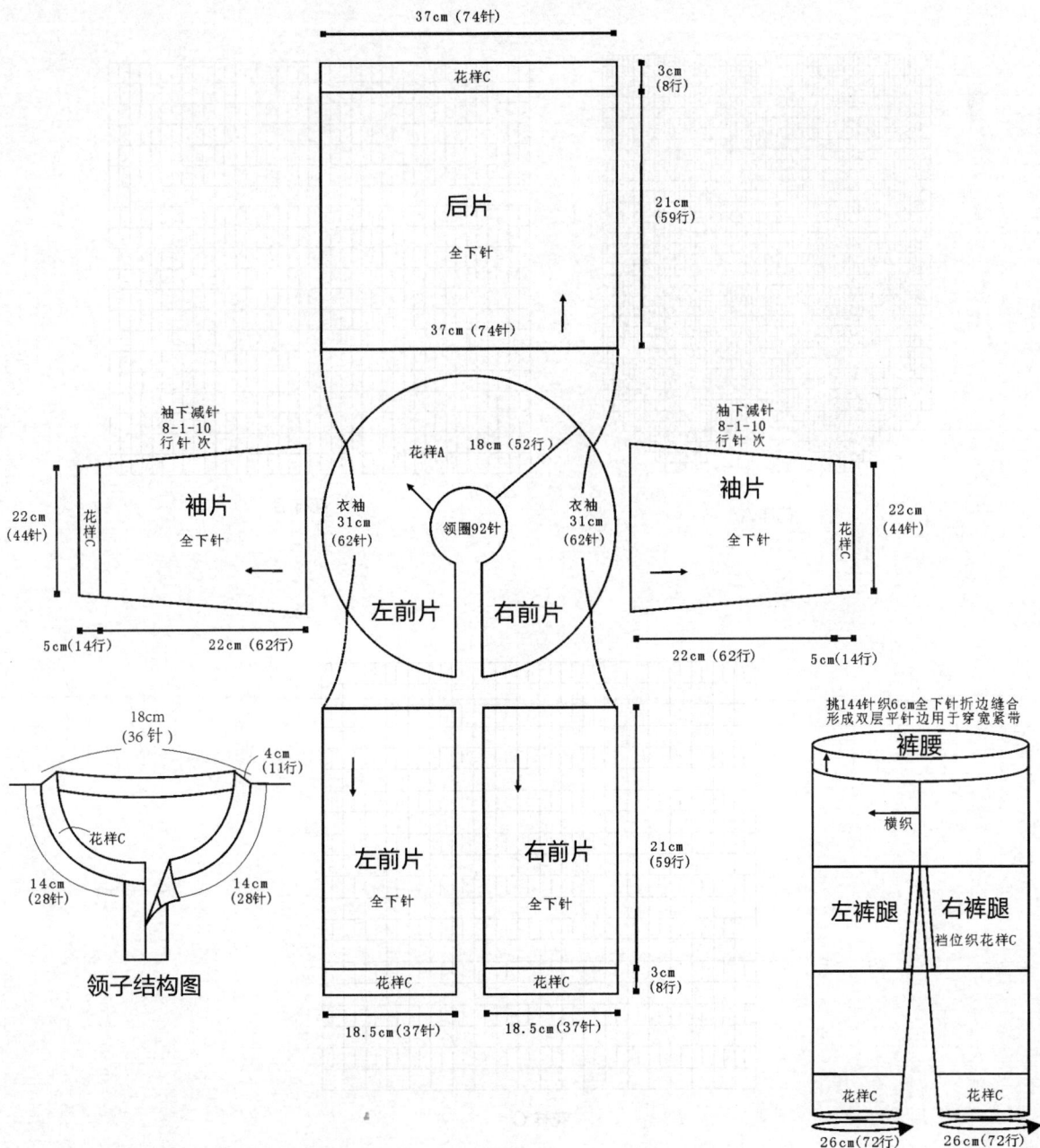

37cm（74针）

花样C　3cm（8行）

后片　全下针　21cm（59行）

37cm（74针）

袖下减针 8-1-10 行针 次

袖片　全下针　22cm（44针）　花样C

5cm（14行）　22cm（62行）

花样A　18cm（52行）

衣袖 31cm（62针）

领圈92针

左前片　**右前片**

袖下减针 8-1-10 行针 次

袖片　全下针　22cm（44针）　花样C

22cm（62行）　5cm（14行）

18cm（36针）　4cm（11行）

花样C

14cm（28针）　14cm（28针）

领子结构图

左前片　全下针

花样C

18.5cm（37针）

右前片　全下针

花样C

18.5cm（37针）

21cm（59行）　3cm（8行）

挑144针织6cm全下针折边缝合形成双层平针边用于穿宽紧带

裤腰

横织

左裤腿　**右裤腿**

裆位织花样C

花样C　花样C

26cm（72行）　26cm（72行）

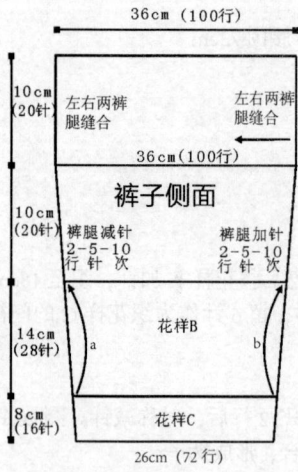

36cm（100行）

10cm
（20针）

左右两裤
腿缝合

左右两裤
腿缝合

36cm（100行）

裤子侧面

10cm
（20针）

裤腿减针
2-5-10
行 针 次

裤腿加针
2-5-10
行 针 次

14cm
（28针）

花样B

a

b

8cm
（16针）

花样C

26cm（72行）

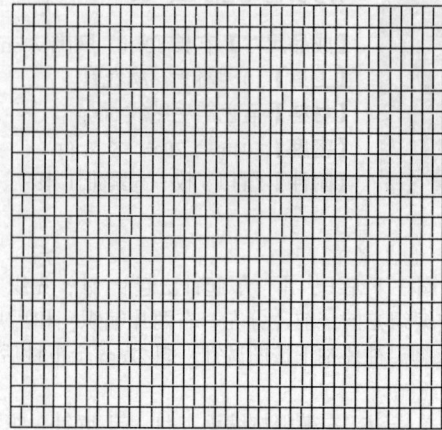

全下针

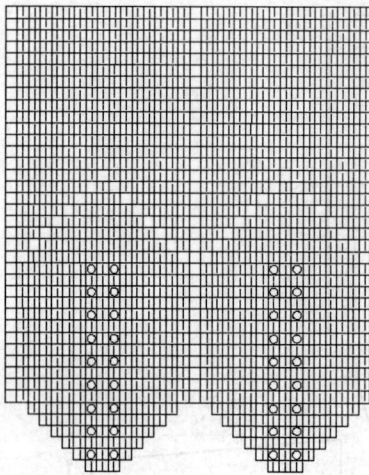

花样 A

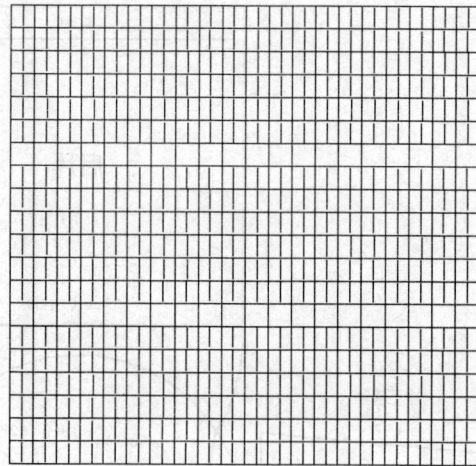

花样 B

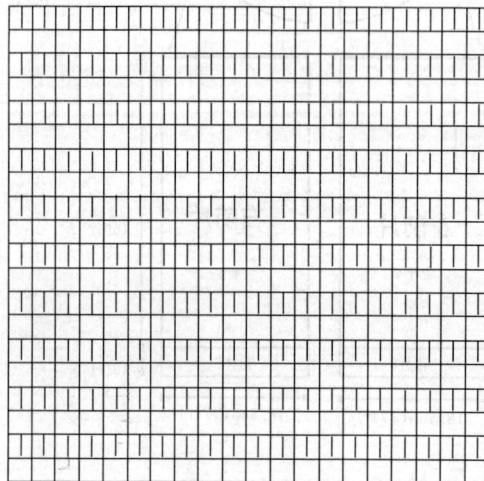

花样 C